中国海洋大学"985工程"海洋发展人文社会科学研究基地建设经费

教育部人文社科重点研究基地中国海洋大学海洋发展研究院

资助

崔凤 主编

Chinese Ocean Sociology Studies Vol.4

中国海洋社会学研究

2016年卷 总第4期

社会科学文献出版社
SOCIAL SCIENCES ACADEMIC PRESS (CHINA)

编辑委员会名单

卷首语

2015 年 7 月 11 日至 12 日，中国社会学会在湖南省长沙市举行一年一度的学术年会，与此同时，中国海洋社会学论坛也迎来了第六届属于自己的年度盛会。第六届中国海洋社会学论坛主题为"海洋渔村与社会变迁"，由中国社会学会海洋社会学专业委员会主办，中国海洋大学法政学院社会学研究所承办，上海海洋大学、浙江海洋学院、广东海洋大学等共同协办，我本人担任本届论坛的负责人。

第六届中国海洋社会学论坛一共收到学术论文 31 篇，本卷《中国海洋社会学研究》从中遴选了 16 篇论文，分为"渔村文化与渔村民俗""渔民群体与渔村社会""渔村社会变迁""渔村社会管理""港口城市文化"五个单元。

在"渔村文化与渔村民俗"单元，与会学者阐述了渔村节庆的百年流变，提出海洋节庆的产业化是民俗文化传承的出路之一，分析了涉海民间信仰与海洋渔村文化旅游建设的密切关系。

福建省海洋与渔业经济研究会会长林光纪通过对福建省连江县苔箓镇××村的田野调查发现，渔村的节庆分为家庆、村庆与国庆三种，社戏是节庆的传统表述方式。在城镇化进程中，市场主导渔村演变，同时渔村节庆还受到洋节的冲击，出现市场化倾向，"节味"越来越淡。他认为要密切联系政府、渔村居民及社会各界，采取有效措施，保护并弘扬渔村特有的传统节日文化，赋予它们新的时代特点，使渔村节庆成为渔区社会的"文化自觉"。福州大学的陈慎博士考察了福建原生蛇信仰的历史和现状，发现原生蛇信仰作为福建产生最早、延续时间最长的海（水）神信仰不断式微和被边缘化。而挖掘包括涉海民间信仰在内的福建独有的区域海洋文化内涵，弘扬海洋文化，对于丰富海洋文化旅游资源，提升福建海洋渔村旅游竞争力，实现差异化发展、可持续发展等都具有重要意义。理应对其加以深入挖掘和保护开发，使其成为反哺福建省海洋渔村文化旅游产业珍贵的本土文化资源。中国海洋大学的宋宁而博士和贺柳笛同学以日照刘家湾赶海节为研究对象，阐述了赶海节将民俗文化和旅游有效结合，走产业化道路，获得传承传统文化、打造知名品牌、带动经济发展和促进城市建设的积极成效，分析了在此过程中存在市场化运作不充分、宏观引导不足以及对文化的挖掘不够深入全面的问题。同时，以顺应社会发展和繁荣赶海节的建设为目标，围绕存在的问题，他们提出赶海节的建设发展应注重传统文化与生态环境的保护，顺应社会发展趋势，以当地传统民俗文化为亮点，发挥科技创新作用，完善市场化运作模式。

在"渔民群体与渔村社会"单元，与会学者探讨了中国渔民收入的影响因素，在转产转业过程中沿海渔民与海洋的关系变迁问题和环境抗争中农村精英的辩证策略，同时着重对渔村妇女的就业状况及影响因素，以及渔村变迁过程中妇女的自我劳动意识的形成展开了热烈讨论。

上海海洋大学的张丽同学和韩兴勇教授在对上海金山嘴渔村妇女就业状况及影响因素调查的基础上，运用二元 Logit 模型，分别从渔村妇女个人和家庭的十个方面对渔村妇女就业影响因素进行了实证分析。根据"文化程度""是否有子女上学""是否有老人需要赡养""家人的态度""其丈夫从事的工作行业"等指标与渔村妇女就业呈显著正相关的分析结果，提出应重视渔民的教育、鼓励和指导渔民创业、完善社会保障制度的建议。中国海洋大学的赵宗金副教授和杨媛同学从市场、政策、人为三个方面选取"水产品价格""海洋捕捞产量""税收负担""受教育水平"四个变量对 2004～2013 年中国 11 个沿海省市的数据进行回归分析。研究发现，"受教育水平""水产品价格""海洋捕捞产量"对渔民收入有显著的影响，"税收负担"对渔民收入没有影响。他们从市场、政府和渔民自身三个角度提出提高渔民收入的对策和建议。浙江海洋大学的于洋博士以舟山蚂蚁岛为例，对新中国成立后，特别是改革开放后的 30 多年，蚂蚁岛渔村社会的发展变迁过程进行梳理，通过对渔村妇女从"牛马"到"劳动主体"的转变过程的分析，探讨了蚂蚁岛渔村社会变迁过程中妇女自我意识的形成，并提出提高渔村妇女劳动参与以及自我劳动意识的建议。中国海洋大学的崔凤教授和赵雅倩同学指出，沿海渔民转产转业主要有从事海水养殖业、水产品加工业、休闲渔业渔家乐等实现路径，并通过对路径的分析，发现渔民与海洋的关系逐渐由单一走向多样性。这种变化主要表现在四个方面：一是沿海渔民对海洋的依赖关系依然存在；二是渔民转产转业过程中渔民海洋市场化意识提高；三是渔民与海洋的关系逐渐向单纯的情感关系转变；四是渔民职业向非渔产业转移，渔村新型群体出现。他们认为对渔民和海洋的关系变迁进行研究，有助于进一步了解渔民生活的变迁。

在"渔村社会变迁"单元，与会学者通过对不同类型个案的社会学研究，提出了不同走向的渔村社会变迁路径，分析了影响渔村变迁的各类因素，指出了渔村发展的未来方向，是极其富有学术价值的。

中国海洋大学的崔凤教授和葛学良同学提出，随着人类海洋开发力度的加大，海洋资源环境状况日益恶化，以海洋为存在和发展依托的渔村社区也处在不断变迁之中。其中，在我国占较大数量的沿海渔村，正经历着一次陆化类型的变迁模式。这些沿海渔村社区主要在其产业结构以及生产生活方式、风俗文化上呈现陆化及陆化加速的趋势。分析指出，经济驱动是陆化变迁的根源，海洋渔业资源的枯竭是陆化变迁的直接原因，而自有耕地及其扩大为陆化变迁提供了可能，政策、地理、技术、文化等则是陆化变迁的重要影响因素。中国海洋大学的高超勇同学、王书明教授和王振海教授以城市化背景下海洋渔村变迁为主题考察了国内研究文献，发现渔村产业结构正处在转型中——由单一捕捞渔业转向以养殖渔业为主。渔业的转型使传统渔民成为剩余劳动力，面临转产转业，一部分渔民涌入城市，另一部分投入当地的第二、三产业中。由于传统渔业和渔民的变迁，传统渔村文化面临传承危机，一部分逐渐消失，另一部分逐步被商业化。随着渔村产业结构的转型，渔民的地位也发生了分化，本地渔民之间的人际关系变得越来越功利，本地渔民和外来渔民之间的矛盾凸显。他们指出，海洋渔村的发展路径是多元化的，海洋渔村发展的方向也应当是多种多样的，并强调发展现代渔村、实现渔村现代化是实现传统海洋渔村转型的一种有效途径，且对于传统渔村的保护同样十分重要。浙江海洋学院的王建友副教授以偏远渔村——舟山普陀葫芦岛为例，分析该渔村从改革开放以来发生的社会变迁，以空间转向为切入点，观察其社会变迁下渔民的生产、生活，着重分析了子女就学转向、渔业生产及公共实施和公共服务的空间转向，并描述迁出村民及留守该岛的老年村民所进行的空间重构，揭示了该渔村由繁荣到衰落的过程、原因及未来展望。

　　"渔村社会管理"单元是新增单元，与会者从不同角度对不同时期的渔村社会管理进行了充分交流。

　　吉林师范大学的王亚民研究员以《问俗录》为文本，对县官陈盛韶与海疆乡村管理做了专门考察。他从社会控制和教化两方面详述了陈盛韶管理海疆乡村社会的具体措施，认为陈盛韶对海疆乡村的管理不仅凸显地域特征，带有近代萌芽性质，而且不乏现代启示。福建省海洋与渔业经济研究会会长林光纪采用社会调查方法对我国滨海渔村发展典型之一的官坞村渔业基层经营组织变化、发展、创新及其生产关系变革进行了调查。他提出，改革开放后渔业生产关系变革促进了渔业基层经营组织的普遍创新，而随着渔业生产力的发展，官坞村渔业基层经营组织发展创新又孕育出生产关系的新变革。官坞村"村企带农户 + 渔业专业合作组织联农户"是很有活力和成效的基层经营组织方式，既发挥了家庭承包责任制的激励因素，又探索出农渔村经营规模效应的新途径，得出渔业基层经营组织创新对于继续推进深化渔业改革开放是非常重要的结论。中国海洋大学的张一博士从文化适应视角出发探索了失海社区福利服务体系创新，提出失海社区福利服务体系与失海渔民文化特质不兼容，是影响失海社区建设的主要因素。他深入剖析了失海渔民的福利文化诉求，认为改变政府、社会的认知偏差，是破解失海社区福利服务建设难题的难点与焦点。当前，将民主制度视为福利资源恰当运用的重要手段，由"维稳型"方法创新转向"民生型"体系创新，设计出符合失海渔民基本福利文化价值诉求的社区福利服务体系，对于加快社区福利服务建设具有十分重要的意义。广东海洋大学的林小媛同学和高法成博士以广东阳江东平镇渔民合作社为例，对渔民合作社的发展路径进行了探索，认为面对发展农业经济的迫切要求，仿制农民合作社而实施的渔民合作社，是一种重要的制度创新和安排。但渔民合作社的发展也存在诸多问题，如组织力量薄弱、竞争力不足、生产资料占有不均衡等，最终导致绝大多数的渔民合作社名存实亡。他们通过对广东阳江东平镇的调查总结得出，发展渔业经济的重要方向是渔民合作社转向公司化管理，扩大规模、提高知名度、提高生产要素间的配置效率。中国海洋大学的王书明教授和章立玲同学提出，生态系统的渔业管理是现今世界范围内的新方向，这就要求我们从生态系统的特性出发出台一系列政策法规，以科学管理和技术知识为基础，深化相关部门的分工与合作，缓解资源开发与生态保护的矛盾。渤海三面陆域环绕，流通性较差，海水自净能力不高，再加上渔业资源过度捕捞和海洋污染，生态系统严重退化，渔业管理面临巨大压力，因而，生态系统具有的整体性特征恰好为渤海渔业管理提供了一种新思路和新视角。实现基于生态系统的渤海渔业管理，首先要在实践探索中建立合作发展协调机制，加强各省市政府横向间的合作；其次要运用科学技术进行综合管理，建立海洋资源开发综合评价制度，完善海洋生态补偿机制以及建立海洋生态监控区等；最后要建立渤海渔业共同管理模式，加强渔民参与和监督决策与管理，发挥社会力量在渤海渔业管理中的积极作用，切实推进基于生态系统的渔业管理在渤海区域的实施。

"港口城市文化"单元是新增单元，虽然收集的论文只有一篇，但对于海商文化的探索是一种新的也是成功的尝试，展现了学界的新动向。

上海海洋大学的宁波副研究员和李雪阳同学提出海商文化是宁波历史文化的主流。宁波依凭四明山，毗邻东海，其海商精神除了备受浙东学术"尚气节、忧民生，重信义、轻名利"浸润，还与山、海密不可分。尤其是四明山，对宁波海商文化影响深远，使宁波海商精神融入"仁""信""义"等中国传统思想精髓。因此，将宁波海商精神归纳为"四明精神"——"明智求新、明利重商、明勇至信、明义兼济"，不仅能概括提炼宁波的城市精神，而且能比较贴切地展示宁波海商精神的独特面貌。为更好地挖掘、传承海商文化，宁波应进一步弘扬"四明精神"，助推"一带一路"，善待历史遗产，塑造城市特色，挖掘文化财富，潜心创新转化，从而成就宁波更加美好的未来。

同以往相比，本届海洋社会学论坛具有以下特征。

第一，涉及范围更加广泛，内容更加翔实。除了对原有"渔村文化与渔村民俗"和"渔民群体与渔村社会"单元的深入探讨，还扩展出"渔村社会变迁""渔村社会管理""港口城市文化"三个单元。从提交论文的质量上看，表现出了踏踏实实做学问的宝贵品质，大多数论文都有极佳的学术价值，展现了海洋社会学学科当下取得的成果。

第二，研究方法更多样，研究跨度更大。无论是个案研究还是文献研究，无论是内容分析还是大数据分析，从清代县官的海疆乡村管理到当下渔村的社会变迁，学者从不同角度用不同研究方法探索海洋社会，拓宽了海洋社会学的学科广度，加深了学科深度。

第三，会议期间的学术争论与辨析呈现明显增加的趋势。本届论坛上，学者们围绕研讨论文的若干专题展开了富有针对性的学术交锋。值得注意的是，年青一代的学者所提出的学术话题引起了与会专家的热烈讨论。当前，海洋社会学仍然处于起步发展阶段，特定主题下的富有深度的学术辨析对提升海洋社会学的研究水平具有重要意义。

自 2012 年第一卷《中国海洋社会学研究》由社会科学文献出版社出版发行以来，这部学术集刊已连续出版四卷，海洋社会学论坛也已成功举办六届。可以说，论坛和学术集刊都是我国海洋社会学学科发展的印证。另外，从 2015 年起，《中国海洋社会发展报告（2015）》（"海洋社会蓝皮书"）也已由社会科学文献出版社出版发行，其是由中国海洋大学法政学院社会学研究所与中国社会学会海洋社会学专业委员会组织高等院校的专家学者共同撰写、合作编辑出版的第一部海洋社会方面的蓝皮书，也是中国海洋大学首部在社会科学文献出版社出版的蓝皮书。

回顾过往，海洋社会学学科建设所取得的成绩令人欣慰；面对未来，我们的任务依然艰巨，队伍有待壮大，需要共同致力解决的难题还有很多。逆水行舟，不进则退，让我们为了海洋社会学的未来，共同努力。

崔　凤

2016 年 5 月 17 日

目录 Contents

渔村文化与渔村民俗

渔民群体与渔村社会

渔村社会变迁

渔村社会管理

港口城市文化

渔村文化与渔村民俗

中国海洋社会学研究

2016 年卷　总第 4 期

第 3~13 页

© SSAP，2016

渔村节庆与社戏之百年流变

——以福建省连江县苔菉镇××村调查为例

林光纪*

摘　要：渔村的节庆与社戏的社会学研究为解释渔村的演变提供了重要方法、工具与手段。本文以笔者故乡渔村的节庆与社戏的社会学调查为切入点，对渔村的演变进行探索研究。初步调查发现，故乡渔村的节庆有"家庆、村庆与国庆"之分；社戏是节庆的传统表述方式；时代进步、科技发展，戏剧社戏已消亡，电影社戏式微。文章还分析讨论了故乡渔村节庆与渔村演变关系：渔村节味减少、家庆与村庆减少，洋节倾向增加等现象。

关键词：渔村　节庆　社戏　海洋社会

　　故乡不仅仅是淡淡的乡愁，故乡也是浓浓的海味；故乡不仅仅是童年的思恋，故乡还是智慧的回望、蓝色的回响。故乡的节庆与社戏就是永不磨灭的记忆。

　　渔村的节庆是渔区人类社会的重要活动，是渔村历史的活化石，是文化的活载体，是渔村演变的 DNA 片段。渔村的节庆与社戏的社会学研究为解释渔村的演变提供了重要方法、工具与手段。本文以笔者故乡渔村的节庆与社戏的社会学研究为切入点，对我国沿海渔村的演变提供一种研究视角。

　　笔者故乡福建省连江县苔菉镇××村位于闽江口北侧海岬，是一个典

---

*　林光纪（1955~），福建连江人，福建省海洋与渔业经济研究会会长、高级工程师、MBA，从事海洋渔业及海洋社会学研究。

型的海洋渔村，从唐朝至今（见图1）。

图1 笔者故乡地理位置（距福州市东北100千米）

一 文献评述

（一）节庆的定义

节庆是指，在特定的时间，以特定主题，约定俗成、持续一定时间、有周期性的一种社会活动。渔村的节庆种类繁多，有祭祀节庆、纪念节庆、庆贺节庆、社交游乐节庆等。以当代的社会学观察，渔村节庆有传统节庆与现代节庆之分。

本文所指的节庆，是社会学意义的与渔村变迁演化有关的渔村社会活动。从发生学意义上看，渔村节庆大致与节令渔时有关、与宗教神话有关，也与国家政治有关。但不论是何种类型的节庆，都有一套成文或不成文的固定仪式。在渔村传统社会，节庆更多的是存在于民众的日常生活之中，作为一种人类文化现象，是一种象征符号体系，是一种对未来社会的意象表达。

（二）文献综述

渔村节庆、社戏与渔村演变及其关系的文献未见报道。但近年来渔村节庆与海洋文化方面的研究硕果累累。极有成效的研究，如横田的祭海民俗（宋宁而，2000），显示渔村节庆具有民俗的特点，宋宁而等对海洋渔村民俗的概念、功能进行了分类解释（宋宁而、李云洁，2013）；柴寿升和常会丽（2010）认为，各种各样的渔业节庆，如开渔节、钓鱼节等随着节庆旅游的兴起和发展，渔业节庆作为一种特殊形式日益受到关注，现代渔业节庆已不仅属于民俗范畴。郭芳（2011）对地方节庆与社会融入做了社会学分析。张腾（2013）对烟台市渔业节庆促进旅游发展进行了研究。本文注重渔村节庆、社戏之百年流变及其对海洋社会文化的影响，对渔村演变作用进行探索性研究。

二　调查方法

本文应用访谈调查方法。

在笔者长年观察故乡节庆、社戏变化之后，集中一段时间对故乡的百年节庆与社戏做访谈调查。集中调查时间为 2015 年 2 月 1 日至 4 月 20 日。笔者选取故乡渔村 60 岁以上年龄段的居民为上头调查对象，调查形式包括询问、交流、探讨。

表 1　重点访谈对象

序号	姓名	性别	年龄	原职业	文化
1	林利×	男	61	村木匠	初中
2	郑光×	男	62	船老大	小学
3	周婆婆	女	81	家庭妇女	文盲
4	邹氏	女	76	家庭妇女	文盲
5	郑金×	男	79	村干部	小学
6	陈加×	男	80	渔民	半文盲
7	潘中×	男	66	渔民	小学
8	林光×	男	65	渔民	小学
9	宋福×	男	63	渔民	初中
10	谢婆	女	85	妈祖庙婆	文盲

三　调查结果分析

（一）故乡渔村节庆形式及变化

对综合调查访谈，渔村的节庆归纳为：村庆、家庆与国庆三大类。

国庆是国家权力在渔村延伸的表现，与渔业渔事没有必然联系（见表2）。

表 2　渔村国庆百年变化

时代	历时	国庆时间	庆祝形式	民众安排
清朝	1636～1912 年	未固定	社戏	禁忌哀丧
民国	1912～1949 年	每年 10 月 10 日	社戏、结彩	赦民福利
新中国成立后	1949 年至今	每年 10 月 1 日	游行、集会	放假会餐

国庆经历了从清皇帝诏告庆典到中华民国国庆再到中华人民共和国国庆的一系列转变。百年以来，国庆的变化折射出渔村的政治社会变化，即渔村的百年演化是随着政治的变化而变化的。这种以百年时间为尺度的演变，是宪政性、强制性的渔村变化。

广义的国庆还指国家倡导的全国性节日，如春节、妇女节、中秋节等等。不论是封建社会历朝历代的皇权授节，还是现代意义上民族国家，为巩固政权在政治上的合法性，国家都要创制节日庆典，利用国家力量，借助纪念仪式，使节庆获得社会认同。节庆成为政权合法性的仪式工具，成为政治意识形态。随着国家、政权、社会、市场、科技的演变，渔村节日的形式和功能又出现了新的情况。

渔村的村庆是值得深入研究的现象。渔村村庆节日制度是历法系统的呈现。渔村节日系统与渔业历法系统密切相关，渔业节庆以农历法的岁时周期中的一些特殊气象节候为标志性的日子。渔村节日的起源可以追溯到上古时期的观象授时制度，夏商周之后，成文历法产生，渔事活动就与历法相联系。《逸周书·大聚解》记载："夏三月，川泽不入网罟，以成鱼鳖之长。"随着成文历法的创立，渔业活动全部纳入，按二十四节气科学地安排渔业生产。由于中国传统历法制度夏历采用阴阳合历，以阳历计农时，以阴历计年月，传统节庆的日期按阴历计时周期固定传承，节气按照阳历安排，渔业也是一样。故乡的渔村村庆周期与海洋捕捞渔业周期相协调。

家庆，泛指家庭、家族及族群的节日活动。新中国成立以前，富裕家庭如渔业资本家的家庭会举办家宴，以至影响整个渔村，但毕竟极少；家族以同姓氏为祭示，波及渔村的大型节庆。访谈中，其中修族谱进祠堂影响之冠（见表3）。

表3　渔村百年姓氏演变

时代	姓氏数量（个）	主要姓氏	八姓来源
清末	18	汉族大姓	八姓迁闽
民国中期	23	江、欧	水上蛋民
新中国成立初期	23	何、卜	外村嫁入
人民公社	28	胡	嫁迁入
"文革"期间	30	—	嫁迁入
改革开放初	38	—	外来工
21世纪初	52	—	外来居住民

即使少有的家庆，新中国成立以后就没有出现了。而族群的同姓家族节日在改革开放后泛滥起来。20年来已有林、郑、邹、周、谢等同族举行族群活动，极尽铺张，影响渔村。家庆作为渔村节庆影响力比较小。但根植于宗族认同，社会血缘，即使政治、战争、灾害等而中断一时，终归一脉相承，生生不息。

调查认为，节庆变化是渔村演变的文化脉络之一，研究分析渔村节庆变化应是海洋社会学中渔村演变的要素之一。本文调查的渔村节庆具有普遍性。笔者同样对福建泉州、浙江舟山、江苏南通等调查发现均有类似现象。本文的初步结论是政治影响改变了渔村国庆内涵，渔村国家节日表达了渔村社会时代脚步；村庆是渔村本质的文化流露，村庆打上地域的特点、海洋的颜色、渔业的鱼味及时代的烙印；家庆是渔村居民血脉的偾张，如同朝潮夕汐，夹带着鱼腥味、海水味。

（二）节气与节庆

与农业春种秋收一样，海洋捕捞生产以鱼虾洄游为生产活动特点，依水产资源的自然规律而安排渔事。这种自然规律一是受海洋潮汐影响，二是受季节影响。海洋捕捞的渔业生产活动与季节的协调一致，形成了渔村的时间规律。渔村的社会活动基本要与之相协同。因此，渔村的节庆活动必然与之协同。

表 4 中与节气有关的节庆一般是家庆或村庆，与渔业生产活动、渔业丰收、水产品时令相联系；与渔民的海神崇拜、海洋敬畏、海洋意识有关。而这种关系透过与节气联系的节庆表现出来，并世代相传，香火不熄。尽管现代国家倡导或规定的节庆强势推行，但生根于渔民及家属心中的渔味家庆、渔业村庆是抹不掉的。

表 4　渔村节气与节庆

	清末	民国	新中国成立初	"文革"中	改革开放后	形式
春节	**	**	*		***	开门大吉
元宵	**	**	*		**	游纸糊头
拗九	*	*	*	*	*	搓米时
清明	**	*	*	*	**	祭祖、扫墓、郊游，改革开放后国定节日
夏至	*			*	*	摊夏粿
端午	**	***	*	**	***	包粽子、划龙舟
中元	*	*			*	炊九层粿、路祭
中秋	**	**	*		**	吃月饼
冬至	*	*	*	*	*	搓米时、家节延续
小年	**	*	*		**	祭灶
除夕	***	***	**	*	***	守夜

注：*** 表示重要盛大；** 表示比较重视；* 表示一般。

（三）节庆的社戏表达

在渔村节庆的表达方式是多样性的，社戏是主要的表达方式。应该说，社戏丰富了渔村节庆的意义。

社戏的文化表达。"社"原一是指土地神或土地庙；二是指人群居住区域。民国前指比乡村更小的居住地。《左传》中就记载有民间乡民在乡社结盟，约二十五家即置一社。社字由"示"和"土"两个基本字符组成。东汉许慎认为，"示，神事也"，示上的两横代表天，下面的三笔表示日月星。

社是祭祀的场所，同时也是公众聚会的地方。古人祭祀占卜。古人以土地滋育万物，是人类生存的基础，普遍立社祭祀。祭祀活动由祭拜主导演变成表演性质，由社员普遍参与演变成聘用外来专业社团演出，逐渐创造出多层次的精神诉求与社会内涵。

笔者故乡方言属于福州方言。新中国成立前，主要请闽剧为社戏。社戏必请闽剧。一说盛大隆重，二说人神共享。因故乡渔村临海达江，海路便捷，所以社戏请福州闽剧团来渔村演出。鼎盛时是民国时期至抗日战争结束前，即 1910~1940 年代。"每一年 2~3 班戏。几户大船主轮流请。"

因渔业资源丰富，故乡渔产品销售目的地是福州台江市场，有"一船半街市"之说。渔丰钱多，逐与闽剧团有交情。请名牌团班到故乡演出，为渔村家眷所期待的节日盛事。时临春节正月，多请头牌花旦到村演出，价钱不菲。

社戏与节庆同步盛行的有：①元宵节请神；②妈祖诞（农历三月初三）；③龙舟祭；④玄帝公戏；⑤赤眼公戏。

前三种活动是以村节为基础，村民广泛参与。召集人为村老人会或村民组织集资；成立临时活动小组执行。后两种是富裕发财的个体户或集体为求平安而进行的村公益活动，由请戏的发起人出资。

新中国成立后，闽剧的传统戏剧节目受限。之后渔村的渔业生产关系变化，集体性质的互助组、合作社，集体与国家的观念增强，被视之封建迷信的社戏成为渔村非主流的文化活动。但仍然有以老人会或庙会集资化缘请戏祭神的社戏活动。人民公社成立之后，请戏祭神的社戏活动便极少了，但"一直延续到 1965 年"。"文化大革命"期间，社戏被禁止。

改革开放后，渔业实行家庭承包制，以船核算，生产力解放，渔业财富迅速积累，"万元户"致富后会请戏答谢。一曰答谢邻里和睦；二曰答谢乡间平安；三曰答谢神祇保佑。并逐渐出现以请放电影代替了闽剧社戏。此时，录像与电视机开始普及，使得社戏的年轻受众剧减。社戏变味并失去了原本的社会意义。近 5 年来，连放电影之类的社戏也罕见了。

（四）科技进步带来节庆社戏形式变化

近代以来，以"电子"科技发展带来了社会生活方式变革。社戏是渔村常见的节庆表达方式，具有"人神共乐"的特点。"文化大革命"期间，渔村戏剧社戏一度灭绝，因为八个革命样板戏不能成为社戏。改革开放后，电影的进入代替了传统戏剧，1990 年代电视的普及没落了电影节庆的意义。21 世纪互联网的发展，使节庆社戏观众式微和节庆形式分散化。21 世纪以来，除了敬神还原的小电影偶尔在渔村角落闪现影像外，社戏在渔村演变中彻底衰落了。电子信息革命带来渔村通讯、交通、照明的变化，改变了渔村社会自然状况、社会环境、人文交流，也彻底颠覆了节庆的表达方式。

四　讨论

（一）渔村节庆市场化倾向

改革开放以来，社会转型和市场力量的增强，伴随社会转型的过程，渔村居民的消费心理与生活方式紧紧追随消费社会，出现拜金主义和消费主义倾向，渔村节日呈现商业化趋向。

传统节日在渔事时间序列中独特的地位，追求利益最大化的商人抓住市场商机，使得渔村节庆商业化，渔业节庆社会化。

一是政府主导创造或创新渔业节日，如开渔节。受象山开渔节、崇武开渔节影响，两位被访谈者提起在伏季休渔后要办村开渔节。为实现经济增长，渔村社会容忍、允许商业对节庆的侵蚀，淡化迷信色彩、宗教色彩、政治色彩，创造商业性节庆的现象。新近出现的渔业文化节、渔村旅游节、渔村观光节等都是借助节庆载体，被赋予独特的社会学意义，通过体验消费，既强化传统节日的记忆，又达到刺激消费的目的。

二是传统节日现代化。访谈中，有人认为，节庆是聚人气、聚财气之时，增加人流、物流和资金流。去其封建糟粕，弘扬传统文化，赋予市场元素，创造现代价值。利用节日的功能发挥其"节日经济"，通过周期性的有规律的时间排列，使其成为与渔业紧密相关的期盼，渔村居民期盼着喜庆、休息、购物、娱乐，节日背后所承担的文化传统内化为渔村居民的生活。

但是，渔村节庆市场化倾向社会学的解释，还蕴含：

一是渔村传统节日的"节味"越来越少。"节味"是对传统的一种社会记忆。这种社会心理是社会结构转型在渔村居民心理层面的反映。节日浓淡有强烈的个人感受与时代色彩。社会转型也伴随文化转型，节日内容和实质也在变。特别是年龄较大的渔村老人有强烈的失落心理态。"节味"变少，有的人认为是过度的商业化导致，有的需要个人复古体验。商业色彩浓厚的节庆在渔村能否保持着其传统实质又不失市场魅力，这是今后渔村继续面临的选择困境。

二是泛市场化对传统文化冲击，渔村在城镇化进程中，市场主导了渔村演变，这种演变被人为地以市场"经济"作为唯一标杆，文化、社会、民心等因素被忽略。泛市场化的节庆被过度包装、过度消费。当前中国从一个传统社会向现代社会转型，渔村社会向多元社会的变迁过程中，一些向现代城镇演变，一些保留原始渔村，一些则消亡。与现代不太相符的旧节庆可能会在快速变迁中为社会放弃，但渔村作为人类最原始的居住社区形态应该值得尊重、珍重、保护、保留。这也是我们海洋社会学工作者必须大声疾呼"留住渔村文化的根"的根源所在。

（二）与渔事相关的节庆凸显价值

渔村的节庆时时处处透出渔的信息、渔的符号。故乡元宵节是灯节，其中所用的游纸灯与其他城镇相似，但故乡渔村游的灯笼是祭祀"龙王十三太子"。村间传说，龙王溺爱十三太子，太子好赌博，后龙王震怒，斩太子。渔村民间为怜悯太子，用纸糊头组成游行队伍进行游行，一说招魂，另说示众戒赌。通常由纸糊头与32个骨牌灯组成游行队伍全村巡游，正月十一至十五夜间游行。除"文化大革命"期间有2~3年被禁止外，百年延续。

端午节也充满渔味。划龙舟非竞赛活动，也无专业队伍，凡本村男性均可下舟划桨。女性不可下船。一般村里备有两艘龙舟。划龙舟保佑渔业丰收，渔村平安，渔民健康。

明清两朝，社会信仰以佛道为主，少有国家节庆。民国开端，国家节庆始泛滥。中华人民共和国成立以来，国家节庆成为故乡节庆的主流，"文化大革命"期间，国家节庆替代了村庆，甚至家节。改革开放以来，渔业性质的节庆又恢复，并受到社会、政府和渔民自己的关注和重视。

笔者调查认为，与渔事相关的节庆至少有七个方面的价值：

第一，体现集体性，培育了渔村社会的一致性和渔民的集体遵从。

第二，增强了渔村社会的认同，强化了海洋精神，塑造了海洋品格。

第三，"活态"的社会活动样本。渔业节庆与渔村生活、生产紧密相关。凝固成的节庆形态，反映出渔村民居、礼仪、信仰、禁忌等历史信息，也反映出渔业文化的多样性。

第四，教化民众。渔村节庆的大众的俗文化，对人的作用有内生性的潜移默化的影响力，具有基础性、广泛性的渗透和影响。

第五，增强社会凝聚力。

第六，丰富渔村文化生活。

第七，促进渔区经济发展。

可以估计，渔事相关的节庆将成为渔村今后演变的一项选择因素。

（三）渔村节庆的洋节冲击

如前所述，渔村传统节日是一套符号象征体系，以宗教和渔事渔时的形式存在。节日作为一种渔村社会文化现象，起着传承社会记忆、促使社会秩序合法化和文化传承的功能。随着我国对外开放，传统文化及其载体之一的节日越来越多引起外界关注。出于民族自信和文化自觉，渔村开始出现传统节庆的复兴，强调继承和发扬节日的民族性和传统性。

全球化脚步迈进渔村时，宗教文化、洋人节日从民国初年就进入故乡渔村，一是"洋节"强劲扩散，"洋节"越来越火，新奇多样、受众年轻。节日是文化的载体，西方节日的火热与西方文化在全球化进程中的强势密切相关，西方节日的特殊消费方式，使得时尚年轻人群热衷于此。二是传统节日与"洋节"的相遇，例如，圣诞节遇上元旦、元宵节遇上情人节等。不同文化背景下节日的相遇也是文化相遇的过程，此类的现象不仅是民俗问题，而且是与现代生活中的政治、经济以及人们的日常生活领域等方面紧密联系，是行政渔村的一个"社会事实"，应该作为一个社会学议题进行深入探讨。

洋节对渔村节庆的冲击既是全球化的结果，同时也是东西方文化碰撞、交融的过程。中国综合国力的增强，重新振兴中华民族的文化传统，除了加强优良传统文化的教育、普及外，还要利用节庆的功能和社会作用，发挥其社会学隐喻的本质，提升民族精神、海洋觉悟。

因此，要提高渔业节庆的文化共享、集体参与，营造年轻社会群体对渔村节庆文化的认同、接纳和融入的氛围。渔村节庆活动对社会发展和分化过程中出现的社会参与不足的年轻群体，除要遵循主流社会群体的文化意识和价值观、行为方式外，渔村节庆也应发挥其教化、影响、包容社会群体的特殊功能。

五 结语

（1）节庆与社戏是渔村社会的一个文化符号，源远流长，内涵丰富，是观察渔村演化的一种社会学研究题材。

（2）渔村节庆是渔村发展一定社会而产生的，也是生产力发达后人们对文化的展示。

（3）故乡渔村节庆分为家庆、村庆与国庆，国庆随着国家倡导而兴衰。传统的村庆生生不息，根植于村民的心田，形成于远古的信息。社节与故乡海洋渔业生产活动息息相关，不可隔开，与之构成渔村文化与文明的一部分。

（4）当戏剧社戏成为历史的同时，节庆的表达方式多元多彩。当渔业资源衰退，捕鱼收入减少，渔业在渔村经济地位下降时或当渔村面临城镇化进程时，不但渔村的渔味减少了，渔村的节庆也变味了，这也构成渔村变化的一个符号。

（5）受历史、政治以及消费主义思潮、全球化浪潮、多元文化思潮的相互碰撞影响，渔村传统节日日渐式微。笔者认为应以马克思主义唯物史观为理论，充分发掘渔村传统节日的文化内涵和社会价值，加强渔村传统节日文化的弘扬与光大，传承与创新相结合、民族性与区域性相一致，深入发掘和升华渔村传统节日文化的内涵。我们要加强渔村传统节日文化现实路径的选择，密切政府、渔民、渔村居民及社会各界共识，采取措施，保护并弘扬渔村特有的传统节日文化、赋予渔村传统节日文化新的时代特点，使渔村传统节日文化和节庆成为渔区社会的"文化自觉"。

（责任编辑：孙瑜）

中国海洋社会学研究

2016 年卷 总第 4 期

第 14~22 页

福建原生蛇信仰与海洋渔村
文化旅游建设

陈 慎[*]

摘 要：本文从原生蛇信仰在福建省不断式微和被边缘化的现状出发，探讨蛇文化信仰等民间涉海习俗资源对海洋渔村文化旅游差异化发展、可持续发展的重要意义。原生蛇信仰作为福建产生最早、延续时间最长的海（水）神信仰，是千百年来福建海洋文化的活化石，也是对海洋族群基因最生动的展示，充分彰显了福建海洋文化中敢于冒险、勇于拼搏、和合包容的精神气质。我们理应对其加以深入挖掘和保护开发，使之成为反哺福建省海洋渔村文化旅游产业的珍贵本土文化资源。

关键词：蛇信仰 海洋文化 渔村 旅游产业

　　背山面海的福建以典型的区域海洋文化而著称，闽地先民自古便在山海互动中不断经略海洋，海洋渔村的渔业生产便是其中一种存在形式。但今天，海洋渔业资源正在日益枯竭，传统作业渔场面积不断缩小；同时，伴随着城市化进程，传统海洋作业区域，包括滩涂和近海，被占用和污染的现象也越来越多。由此导致的后果是：一方面，渔民的生存空间缩小，"靠海吃海"的传统生计已无法支撑渔民生活；另一方面，渔民转产转业困难，"三渔"问题——渔业、渔村和渔民问题——依然严峻。值得庆幸的是，社会主义新农村建设为解决"三渔"问题提供了有利的宏观环境，为

---

　　* 陈慎，福建莆田人，福州大学经济与管理学院工商系讲师，博士，研究方向为传统民俗文化。

加快实施现代化和谐渔村建设、加速渔业步入科学发展的轨道创造了有利时机。以此为背景，打破传统生产作业方式，通过柔性转型，让渔民在新的经济模式下多层次地发展海洋渔村经济，使传统渔村重新焕发生机，是"三渔"问题的重点和难点。我们应立足于可持续性发展的角度来寻找渔村经济的转型模式，而海洋渔村文化旅游开发则可视为其中一种上佳方案，它使渔民可以不完全脱离原有的生产生活方式，并在柔性转型中达到既保护生态又发展经济的目的。

"文化旅游"是什么？美国学者较早便提出了这个概念，即"文化旅游包括旅游的各个方面，旅游者可以从中学到他人的历史和遗产，以及他们的当代生活和思想"。① 进入 21 世纪，海洋经济时代的浪潮已扑面而来，相关海洋产业都有着广阔的发展前景。而海洋文化旅游作为前景广阔的海洋产业群中的重要组成部分，理应抓住机遇。福建省的海洋渔村文化旅游项目在此背景下，应着力于差异化发展、可持续性发展的理念，大力挖掘地方特色，发挥区域优势，打好"福建海洋文化"这张牌。本文将以福建原生蛇信仰为例，探讨福建民间涉海习俗在海洋渔村文化旅游建设中的重要作用。

一 福建蛇文化

福建是典型的亚热带暖湿气候地区，山多林密、水利资源丰富，非常适合蛇类生存。据统计，即使到近现代，福建尚有蛇 79 种，几乎占全国现生蛇种数的一半。其中毒蛇有 27 种，诸如眼镜蛇、眼镜王蛇、金环蛇、银环蛇、竹叶青、蝮蛇、龟壳花蛇等，约占全国现生毒蛇种数的 60%。② 蛇，一种奇特生物，无足无翼而能窜突腾跃，身形小巧却不惧猛兽，甚至能以小博大毒死、吞食猛兽。在长期生活于山野溪谷和江河湖泊之间懵懂的闽地先民看来，它似乎具有某种超自然的力量，因而对它崇拜有加，直至发展为图腾崇拜，即把蛇看作自己的祖先或保护神，将其作为闽人敢于冒险、勇于拼搏的精神象征。故《说文·析闽》在解释"闽"字本义时说："闽，

---

① 〔美〕罗伯特·麦金托什、夏希肯特·格波特：《旅游学——要素·实践·基本原理》，蒲红等译，上海文化出版社，1985，第 28 页。

② 详见福建师大生物系编《福建的蛇类》（内部版），1974。

东南越，蛇种。"

　　闽地蛇崇拜起源于何时虽已无法考证，但考古、文献和民俗研究却不断向我们证明，这种蛇崇拜形式至迟在新石器时代就已经出现。如漳州的华安仙字潭岩画中有一些蜷曲的线条，一些学者认为这些线条就是蛇的形象。[①] 此外，华安马坑乡草仔山岩画、华安新好乡蕉林岩画、漳浦大茵山岩画、诏安溪口岩画等，也均有类似蛇形的刻画。至汉代，在目前出土的闽越国瓦当中，一种极富地方特色的瓦当图案中常有蛇的纹样。[②] 而闽越国主要城址之一的崇安汉城，曾发掘出一件铜铎残片，其上刻有三角形的蛇头，形象逼真。[③] 铜铎在汉代多用于原始宗教与官方祭祀的重要场合，虽然闽越国并不具有严格意义上的国家性质，但是，崇安汉城作为闽越国这一独立政治实体的重要城池，这类文物的存在意味着蛇图腾崇拜在当时已具有国家祭祀的色彩。闽越国灭亡后，汉武帝将闽越族的贵族、军队以及部分越人强制迁徙到江淮，但仍有大量的闽越人生活在闽地，依然保留着原有的生产生活习惯及相关文化传统。东汉以后，北方汉人开始大量入闽，闽越族后裔开始与汉人不断融合。在这一过程中，闽越族经营海洋的传统生产生活方式并未被完全排斥，而是被部分地吸收、融合进了移民社会中，为闽地经济此后的发展提供了继续奔向海洋的前提。而土著文化则由于鲜明的海洋性亦成为融合对象，类似蛇信仰这种文化形式也通过各种方式顽强地保留了下来。《谒镇闽王庙》中，明代的谢肃在诗前小引和诗文中均提及了蛇信仰问题，小引言庙内"王有二将，居左右，尝化青红二蛇，见香几间以示灵显，闽人有祷即应"，而诗云："钓龙台临江水隅，上有玉殿祠亡诸。闽地称王应禹后，汉朝封国在秦余。潮喧鼓吹来沧海，云拂旌旗拥碧虚。自古神明归正直，双蛇出没定何如？"[④] 清代施鸿保在《闽杂记》中亦记载了当时福州妇女带蛇簪的民俗："福州农妇多带银，长五寸许，作蛇昂首之状，插于髻中间，俗称蛇簪……簪作蛇状，乃不忘其始之义。"[⑤] 直到

---

① 李洪甫：《论中国东南地区的岩画》，《东南文化》1994 年第 4 期。

② 杨琮：《崇安汉城北岗一号建筑遗址》，《考古学报》1990 年第 3 期。

③ 杨琮：《闽越国文化》，福建人民出版社，1998，第 82 页。

④ 《文渊阁·四库全书》电子版"集部·别集类·明洪武至崇祯·密菴集·卷四"，上海人民出版社、迪志文化出版有限公司，1999。

⑤ （清）施鸿保：《闽杂记》，福建人民出版社，1985，第 34 页。

清末，居住在福州闽侯境内的疍民，还毫不忌讳地"自称蛇种"。[①]

古代福建许多地方建造有蛇神庙，如沙县罗岩岭"半岭有蛇岳神祠"；长汀平原里有蛇王寺；上杭县有座山名灵蛇山，"旧传山有巨蟒出没，人过其处必祷之，故名"；漳州城南门外的南台庙，俗称蛇王庙。[②] 而今天，福建各地仍有许多蛇信仰宫庙，以福州为例，闽侯洋里、青竹境和蕉府行宫有三座供奉蛇王的宫庙；此外较为有名气的还有连江"品石岩"蛇王庙，亦供奉着蛇王"蟒天洞主"。在此基础上，相关信俗活动也依然活跃。典型的如南平樟湖坂，每年的正月游蛇灯和七夕蛇王节至今依然热闹非凡。

由此可见，蛇崇拜在福建已绵延数千年，而其能够存在至今的文化基础则在于，它高度吻合了闽人敢于冒险、勇于拼搏的海洋族群精神特质。正因为如此，在北方汉人移民大量迁入福建的岁月中，这种近千年的族群融合依然没能将其湮没。当我们今天重新思考海洋渔村未来发展道路之时，特别是在打造具有可持续性发展的旅游休闲产业的过程中，不妨多从我们自身的文化基因出发，发掘诸如蛇崇拜这样的具有典型性和差异化特征的海洋旅游文化资源。

二 蛇信仰现状

蛇崇拜是福建本土最有代表性的原生信仰，从原始社会的万物有灵观念到西汉时期的闽越国图腾，蛇一直是福建早期海洋族群最典型的象征物。在今天我们努力开发海洋渔村文化旅游资源的时候，它理应在其中占有一席之地，并充分展示民间海洋信仰在旅游文化产业建设中的独特魅力。然而，现实却不尽如人意。

《闽都别记》第八十五回有一则影响很大的故事："再说有一道士，名刘遵礼，其妹被蟒蛇拽去，遵礼法术颇高，即刻破其洞穴，蟒蛇王已先拽其妹走去，寻访无踪。后至龙虎山学法回来，先作法封山，就杀入洞，斩王之八子。其妹抱三子出来，跪求饶恕无杀。遵礼问：'所抱何人？'刘氏答：'是被蛇精拽为夫妇，甚是恩爱，共生十一子，已被杀去八个多，今只

---

① （清）朱景星修、郑祖庚纂《闽县乡土志 侯官乡土志》第2卷，福州市地方志编纂委员会整理，海风出版社，2001。

② 林国平、彭文宇：《福建民间信仰》，福建人民出版社，1993，第55页。

遗此九使、十使、十一使，看妹份上，同妹夫一并恕之，令其弃邪归正。'遵礼见其妹哀求，遂恕之，请于天师，奏达玉帝，准其归正，以遵礼为殿前辅弼，妹刘氏为人间种痘夫人。"① 我们看到，最终在民间传说中，蟒蛇王受封正神为"蟒天洞主"，成为人间正义的化身，保一方平安，为普通民众所崇拜信仰。这种蛇最初为恶后被道士收服归正的记载，从艺术"源于生活又高于生活"的认识出发，我们可将其视为北方汉族在南迁福建的移民过程中，中原农业文化与闽地土著文化（原生海洋信仰）之间先冲突后融合的一种曲折的文学艺术表现。

福州连江是福建著名的海洋渔县，其凤城镇玉泉山上的"品石岩"（蟒天府）所奉之神正是"蟒天洞主"，是一个道地的蛇王庙，在福建蛇文化相关研究论文中屡有提及。笔者根据相关记载，赴连江寻访"品石岩"，本以为这个蛇王庙久负盛名，应不难找。不曾想，寻访前咨询连江当地友人，却从未听说过，更无从答起。于是笔者径自来到连江玉泉山下，连问十数人，甚至包括当地白发老者，均语焉不详。懊恼间，有一中年人听我们谈及"蟒天府"，似乎颇有些警觉，连问笔者哪个单位、来此目的。如实相告之后，中年人这才大致指出"蟒天府"的所在方位。据其所指，笔者从山的另一侧沿石级而上，直到半山腰上的关帝庙，询问住在庙中的一位老者，这才有了明确的方向。笔者在山道上蜿蜒盘旋了半个小时方至。这样的寻访经历着实让笔者十分意外，且不说大部分当地人对其并不了解（甚至一无所知），就是略懂一二的人也满怀警惕，难道是对这种信仰觉得羞于拿出手？笔者看到，今天的"品石岩"（蟒天府）外，依然矗立着连江县政府1997 年所立的一方石碑，其中记载："每逢农历十月十五日，蛇王辰诞，村民家家户户加制糯果，通宵达旦，上山供奉，热闹非凡。"如其所言不虚，"蟒天府"在当地应当是妇孺皆晓的，但似乎仅仅过去十多年，它几乎已隐没于繁华都市间了。

福建宁德的福鼎山海资源丰富，也素有"鱼米之乡"的美称。无独有偶的是，笔者在当地做田野调查时，路过福鼎秦屿镇财堡村时，意外发现一座"九使宫"。所谓"九使"，最典型的说法即是上述《闽都别记》中蟒蛇王的第九个儿子。《闽都别记》第一百八十六回说：九使神是"蟒天神王

---

① （清）里人何求：《闽都别记》，福建人民出版社，2012，第 305 页。

之九子"。① 此外，还有十使、十一使，与九使合在一起便是当年蟒蛇王所剩下的三个儿子。此三子，也经常巡游民间，惩治山精水怪。所以，九使、十使、十一使也成为闽中百姓的保护神，尤其是九使，名气最大。据传，福州地区曾有不少九使（宫）庙，老百姓对其信奉有加，常常去往"九使神前降乩"。② 据一位老者称，20多年前，福州中亭街西面的小河边就有一座九使神古庙，但今天早已不复存在。而直至今天，福州闽侯、福清、长乐等地，也仍有九使庙（宫），供祀着蟒天神王第九子，但同样隐没在乡野间踪迹难寻。而福鼎的所谓"九使宫"，在相关文献记载中似乎并不曾见。财堡村的这座小宫庙，因没有可佐证的碑刻等文字记述，故无法知晓其来历。随访的当地文人则不以为然地说，在秦屿当地有不少的"九使庙（宫）"，但对其所奉之神却知之甚少，至于蛇崇拜、蛇信仰更是无从谈起。尽管如此，这座九使宫中所奉三神，其造型样貌却与连江蟒天府中九使、十使、十一使极为相近。同时，宫庙门前的一对楹联似乎也给我们一些暗示："门外烟霞供啸傲，洞中岁月任遨游"——这难道不是蛇王的写照吗？

其后，笔者又在福鼎寻访到两座"九使庙（宫）"，分别位于沙埕镇和秦屿镇。沙埕镇狮峰岑上的九使宫与妈祖宫比邻，甚至还位于妈祖宫之前，其殿宇规模与之相当，足见当地人对其之重视。而在宫庙后侧墙上，我们找到了一方碑，记述了所谓"九使"的来历："相传九使侯王原籍湖广荆府洪碧县，农历九月初九日在蕉树下为母所生，故姓蕉。自幼兄弟三人受过仙人指点能文善武，行侠仗义，兼有一颗仁慈之心，视劫富济贫、除暴安良为己任，周游天下。时当明朝万历年间，东南沿海倭寇猖狂，瘟疫流行，沙埕港得天独厚、地富物丰，更是倭寇侵占之重地，民不聊生，兄弟三人游历至此，发自爱国爱民之心，身先士卒组织民众，抗击倭寇，平时与民同甘苦、共患难，为民驱邪除病，成了人民心中真正的神，受到万民的敬仰和爱戴。升天后，威灵显赫，破雾导航，镇风化浪，救危难于海上；驱魔除病，化凶险于须臾，屡传不鲜。本地庶民为叩酬神恩，遂建庙以奉敬之。护国佑民有功感动上天，敕封为威烈、威显、英显三位广利侯王……"尽管此"九使"似乎与蛇王并不相干，但就其神职看来，"破雾导航，镇风

---

① （清）里人何求：《闽都别记》，福建人民出版社，2012，第688页。

② （清）里人何求：《闽都别记》，福建人民出版社，2012，第1269页。

化浪，救危难于海上"是其本分。另外，从这座九使宫的门前楹联中"海不扬波稳渡星槎远通""通四海之财源并沾吉庆""威震东南万水碧蓝万水饮"等字句，以及宫庙前所陈列的福船模型来看，其功能定然是与海洋生产作业有关。

而秦屿镇上的九使庙，则颇具规模，据称于 1594 年初建，距今已有超过四百年的历史，为"明代文物、民族瑰宝"。尽管我们在庙中找到了庙祝，但其说介绍九使庙来历的木牌却已藏于梁阁之上，看不到了。就其口述，所谓"九使"与沙埕相似，亦为抗倭三兄弟，不过其籍贯、姓氏却成了"山西汤家三兄弟"。为展现抗倭主题，九使庙旁还建有一座"义勇祠"，用以纪念在抗倭中牺牲的英烈。有趣的是，"义勇祠"旁，又有一座"栖魂坛"，专祀海上身亡、不见尸首的孤魂野鬼。可见，这里的神使亦有保海上平安的功能。

沙埕镇和秦屿镇"九使庙（宫）"，虽奉祀的是抗倭三兄弟，但比较各自的三尊主神，与连江"蟒天府"中的蛇王三兄弟也很相似，皆为三个身着蟒袍、头戴凤冠、白面小将的形象。进一步的访谈中，笔者得知，秦屿当地人自称从福州长乐迁移而来，日常交流也都使用福州方言。如此看来，秦屿所奉"九使"应当与福州一脉相承。而沙埕镇奉祀九使的当地村民虽讲闽南方言，据称由闽南迁移过来，但他们经常与当地的水上居民——疍民接触。因此，笔者猜测，沙埕村民多少也接受了一些疍民的信仰习俗，譬如以九使信仰为代表的蛇文化。只不过，两地的蛇信仰均在文化的冲突与融合中，逐步掩埋了历史的真相。而所谓抗倭三兄弟的说法，则应当是在明清时期，与政府抗倭宣传相适应并附会而成的产物。

连江"蟒天府"与福鼎"九使庙（宫）"，从历史上看来，应该都是中原农业文明与福建土著文化（原生海洋信仰）冲突融合后的产物，是非常重要的福建海洋文化历史遗存，在当今轰轰烈烈的海洋文化旅游产业开发中，理应占有一席之地。但现实是，虽然今天的连江"蟒天府"信仰形式不变，但踪迹难寻；福鼎"九使庙（宫）"虽仍顽强生存发展，但也面目全非，不复当年蛇王崇拜的旧景。与二者的境遇大致相同，福建境内的蛇王信仰，除了南平樟湖坂的游蛇灯活动和庆祝蛇王节活动（充分结合了文化旅游活动，因此今天依然盛况空前）外，其他的基本上已销声匿迹、难以查访了。一方面，这是福建海洋文化在原生信仰层面上的重大缺失，随着时光的流逝，这种缺失将带来无可弥补的历史遗憾；另一方面，这也是我们建设和发展海洋旅游产业中正在失落的重要本土文化资源，而这种本土文化资源本应该为我们的旅游产业带来更为丰富的内涵，并充分彰显福建海洋文化的独有魅力。

三　蛇信仰与海洋渔村文化旅游

近年来，福建滨海旅游业得到了一定的发展。据相关资料显示，早在2003年海滨带接待入境游客已达149.23万人次，占全省接待入境游客总人数的80.74%；接待国内游客3194.38万人次，占全省接待国内游客总人数的81.26%。海滨带入境旅游收入达到9.63亿美元，占全省入境旅游总收入的87.55%。滨海旅游在全省"五区两带"旅游业发展格局中，已形成以福州、厦门为轴心，鼓浪屿、湄洲湾、泉州"海上丝绸之路"，东山岛、平潭岛、崇武古城、宁德太姥山、马尾船政文化以及三都澳、三沙湾、罗源湾、漳州火山地质公园等多样性、多元文化的滨海蓝色生态文化旅游带。① 近年，海洋旅游产业更是呈现方兴未艾之势。但遗憾的是，福建省的海洋渔村旅游尚处于粗放式开发的阶段，在发展过程中还存在海洋文化内涵挖掘不够、旅游产品层次不高、差异化特色不显著、可持续发展动力不足等问题。而挖掘包括涉海民间信仰在内的福建独有区域海洋文化内涵，弘扬福建省悠久的海洋文化，对于丰富海洋文化旅游资源，提升福建海洋渔村旅游竞争力，实现差异化发展、可持续发展等方面都具有重要意义。

在福建众多的涉海民间信仰中，不为人所知的是，福建的蛇信仰是福建本土最有代表性的原生海（水）神信仰。甚至从某种程度上说，它就是福建产生最早、最原始的海（水）神信仰。如前所述，闽地原始先民至迟在新石器时代就有了崇蛇信仰，甚至以蛇为图腾，并有断发文身之俗，喜欢在面部、身上文各种蛇纹（与福建原始先民有着密切联系的台湾原住民至今依然有此习俗），其目的是——"以像龙子者，将避水神也"。② 那么蛇在这种原始的模仿巫术中就有了海（水）上保护神的含义。而在后来土著

---

① 王开明：《福建建设海洋经济强省的战略思考》，《福建行政学院福建经济管理干部学院学报》2006年第1期。

② （汉）刘向：《说苑·奉使》。

与汉族移民相互融合的过程中，蛇作为海（水）上保护神的信仰内涵也被保留了下来。典型的如被视为闽越后裔的福建水上族群——疍民，《闽县乡土志 侯官乡土志》中对其崇蛇信仰有多处记载："疍之种为蛇，盖即无诸国（闽越）之遗民也"；"本境内无他种人，止有疍族"，"其人皆蛇种"；"疍之种为蛇，其人以舟为居，以渔为业，浮家泛宅"。① 清人陆次云《峒溪纤志》也有"疍族，其人皆蛇种，故祭皆祀蛇神"的记载。② 他们自认为是蛇的后裔，在其生活的船上挂蛇像并养蛇，向蛇求问吉凶：蛇在则吉，蛇走则凶。对于终身在船上生活并以行船为业的疍民来说，选择蛇崇拜的最大目的当是出于"保海（水）上平安"，可见他们是把蛇当作海（水）上的保护神来看待的。

当然，福鼎的"九使庙（宫）"，虽主神的背景角色发生了改变，但无论是他们的形象还是神职，却没有太大变化，可谓"形神兼具"。因此，这里的九使仍然是海（水）上的保护神，"保海（水）上平安"。

结合以上论述，我们可以得出结论：福建的崇蛇信仰从闽地的原始先民起已流传数千年，其海（水）上保护神的内涵一直存在，可视为福建省乃至全国产生最早、延续时间最长的海（水）神信仰，是千百年来福建海洋文化的活化石，也是闽越故地海洋族群最生动的基因展示。这使得福建的海（水）神信仰得以追溯到闽越先民甚至更为久远的时代，成为福建省涉海信仰习俗中弥足珍贵的本土原生形态文化资源，也是福建省发展海洋渔村文化旅游产业、挖掘闽地海洋文化内涵的有力支撑。笔者在此呼吁，从海洋渔村经济发展转型的需求着眼，我们应以前瞻的文化视角来看待类似蛇文化信仰这样的基层民间涉海习俗，在积极挖掘和保护开发的基础上，使多元化发展进程中各种生动的海洋性活化石，在今天的海洋渔村发展中还能够继续发光发热，成为海洋渔村文化旅游建设中最为珍贵的本土文化资源。

（责任编辑：杨阳）

---

① （清）朱景星修、郑祖庚纂《闽县乡土志 侯官乡土志》第 2 卷，福州市地方志编纂委员会整理，海风出版社，2001。
② （清）陆次云：《峒溪纤志》载王云五编《丛书集成初编》，商务印书馆，1935，第 37 页。

中国海洋社会学研究

2016 年卷 总第 4 期

第 23~35 页

© SSAP，2016

海洋节庆的产业化：刘家湾赶海节
民俗文化传承的出路

宋宁而 贺柳笛[*]

摘 要：本文通过对日照刘家湾赶海节的调查研究，阐述了赶海节将民俗文化和旅游有效结合，走产业化道路，获得传承传统文化、打造知名品牌、带动经济发展和促进城市建设的积极成效；分析了在此过程中存在的市场化运作不充分、宏观引导不足以及对文化的挖掘不够深入全面的问题；同时，以顺应社会发展和繁荣赶海节的建设为目标，围绕其存在的问题，提出了发展路径建议。

关键词：刘家湾赶海节 产业化 海洋节庆 传统文化

现代海洋节庆通过融合优良的文化元素打造特色文化产品，提升了节庆的文化底蕴；同时，在市场经济背景下，传统文化通过节日庆典扩大影响力，得到保护与弘扬。这实质上是在现实背景下自觉传承传统文化的一种努力，是对传统文化的深刻继承和科学扬弃，也是对文化资源进行的合理配置和开发。因此，现代海洋节庆走产业化发展道路，打造文化产业链条成为大势所趋。本文以山东半岛的刘家湾赶海节为研究对象，对海洋节庆的产业化发展问题进行了调查分析。

---

* 宋宁而（1979~），中国海洋大学讲师，博士，主要研究领域为海洋社会学；贺柳笛（1994~），中国海洋大学法政学院 2013 级硕士研究生，研究方向为海洋社会学。

一 刘家湾赶海节概况

刘家湾村地处山东省日照市的东部沿海地区，隶属东港区涛雒镇，处于日照国际海洋城规划区域的中心地带。濒临黄海的地理位置以及宜人的沿海自然环境，为节庆中赶海旅游和民俗旅游活动的发展提供了良好的基础。刘家湾与日照一带其他渔村一样，渔民兼事农业。全村 1200 余户居民，主要从事海产品养殖、种植业和海上捕捞。刘家湾赶海园于 2000 年设立，位于刘家湾村东面，总规划面积为 5.15 平方千米。为了提升景区档次，增加文化内涵，东港区政府于 2005 年开始启动园区的高起点规划建设。刘家湾赶海园园区内渔家民俗馆、海滨浴场、海洋生物馆等项目的设立，使滨海的自然生态和文化资源得到了充分利用，在此基础上举行的一系列休闲活动，展现了当地浓郁的渔村风情和源远流长的文化习俗，并综合呈现了赶海旅游、滨海观光和沙滩运动等特色元素。

按照日照当地习俗，赶海活动被称作"赶小海"，是出海打鱼的人对岸边妇幼猎海方式的一种戏称。对于旅游者来说，赶海是非常有趣的活动。[1] 赶海旅游节在每年的 10 月 1 日至 10 月 7 日举办，包括沙滩寻宝、织渔网比赛和民俗演艺等活动，逐渐成为刘家湾最具影响力的海洋节庆活动。在当地政府的推动下，刘家湾赶海节在运营过程中实现了传统民俗和节庆旅游的品牌化与产业化。赶海节的产业化特点主要体现在以下几个方面：首先是传承和发展了当地传统渔村民俗，使其与赶海休闲活动相结合，打造了一批休闲旅游活动和民俗演艺产品；其次是带动了赶海园周边乃至日照地区的旅游服务设施建设，促使大量劳动力转向餐饮、住宿、零售等服务行业，形成产业的规模化和链条状发展势态；最后是通过积极宣传推广，成为当地传统民俗文化的重要载体和知名品牌，促成滨海旅游与海洋文化产业并行推进，实现了经济收益的最大化。

二 赶海节取得的成效

民俗风情在刘家湾赶海节的产业平台上发挥了核心作用，太阳文化充

---

① 宋峭：《传统节日文化与山东节庆旅游资源开发》，硕士学位论文，山东大学专门史专业，2006，第 59 页。

分展示了日照的远古文明，鱼骨庙遗址和日照"神龟救难"的民间故事为节庆增添了神秘色彩，渔船、渔具等渔家活动的实物则与东海龙王信仰、妈祖信仰共同构成了当地民俗旅游的策划蓝本。此外，赶海园拥有 5.4 公里的黄金海岸线，沿海防护林达千余亩；沙滩面积广阔，沙质细腻；浅海水域拥有海蜇、虾蟹等珍品。园内一万余亩潮间带，盛产文蛤、竹蛏、香螺、马蹄蟹、西施舌等蟹类和贝类 100 余种。刘家湾赶海节已成为展示当地民俗风情、水域风光和生物资源等多元特色的产业化平台。日照国际海洋城通过打造刘家湾赶海节旅游品牌，实现民俗节庆的文化功能和经济功能，获得了良好的成效。所谓产业化，就是结合产业，服务产业，形成产业，在为产业服务、为产业发展推波助澜的同时，把传统民俗自身作为产业来做，"文化搭台，经贸唱戏"是许多节庆活动遵循的宗旨。① 在文化强国战略背景下，赶海节承载着刘家湾传统民俗的文化精华，这种地域性的文化特色为旅游、投资注入强大的吸引力；而游客的大量集聚又为举办地带来商机，拉动文化和经济的共同发展，使日照的城市形象在整体上得到提升。

（一）传承和发展传统文化

赶海节通过民俗旅游项目呈现当地的传统文化生态，使传统文化和现代化生活相融合，扩大了传统文化尤其是民俗文化的影响，是对传统文化资源进行合理开发的一种文化活动。

1. 对传统文化进行专题式开发

当前，刘家湾村民大多从事海水养殖、餐饮等服务行业，坚持出海捕捞的渔民群体相对缩小，在渔民生产生活中世代传承的渔家文化也受到影响。因此，日照市政府自然而然地想到将传统文化资源和自然环境资源加以综合利用，通过赶海旅游节的形式对传统的太阳文化、渔家习俗和海神信仰进行专题开发，以保护和弘扬传统文化。

赶海园的主体广场设有 6 处帆船式张模景观，南部海岸有海滨浴场和观海木屋等一系列休闲旅游项目，主体广场北侧有占地 400 余平方米的鳄鱼潭观赏项目。赶海园木栈道全长 1300 多米，木栈道下面的原生态绿林也得以

① 李冬芹：《传统民俗节庆的旅游创新研究——以宜昌端午文化旅游节为例》，硕士学位论文，华中师范大学人文地理学专业，2013，第 47 页。

充分利用，被设计成野趣园、游乐园、垂钓园等。木栈道因此成为园内美丽的景观带，并将 5 座太阳塔依次相连。太阳塔不仅是赶海园内看日出、观沧海、听海涛的最佳场所，也是当地特色传统文化的突出体现。东夷人崇拜太阳，有筑高台拜日的习俗，创造了灿烂的太阳文化。日照作为东夷文化的发祥地，太阳塔的设计展示了日照的远古文明。

赶海园利用第二座太阳塔建设了渔家民俗馆，通过"渔家""渔船""渔具"三个部分的设计规划，展示出当地的渔家生活事项和传统的风俗人情。"渔家"部分以图片、音频和视频展示了当地渔民家庭传统生活习俗，清晰呈现传统渔家的建筑、饮食、衣着的面貌。"渔船"和"渔具"部分则更多以模型来还原渔民海上生产的情形，并以图片、文字加以解释说明，不仅涉及渔船及渔网、旗子等物品的样式和规格，出海捕捞渔船上渔民的数量、位置和分工也得到详细的刻画。随着社会各界对于非物质文化的日益重视，渔家民俗馆也受到高度认可，并被评为山东省优秀非物质文化遗产馆。

刘家湾渔民与我国其他沿海地区渔民一样，由于早期对海洋缺乏足够的认识，无力预测和应对海上的自然现象，因此产生敬畏心理，形成一系列禁忌习俗和神灵信仰，并通过祭拜等形式表达。当地渔民信仰东海神龟、妈祖和东海龙王，并于每次出海前和每年的农历二月初二"上杠节"，在海边面朝大海跪拜以祭祀海神。其中东海神龟信仰是因日照当地"神龟救难"的民间故事而形成。传说古时，有渔民出海遇到狂风暴雨，难以辨别方向，且因船剧烈摇动而落入海里，有幸得到神龟搭救和护送，安然返回岸上。日照鱼骨庙的遗址也位于赶海园内。相传东海龙王的三太子怜悯水族众生，幻化成鱼修行，感受其苦，在功德圆满后又变回原形，他所抛弃的巨大躯壳漂到岸边，先民便用硕大的鱼骨修建了鱼骨庙，在庙中供奉三太子。第四座太阳塔就是以当地神龟救难的传说为基础策划，并在鱼骨庙遗址上设计修建为海神庙的。庙内主要供奉东海神龟、妈祖以及东海龙王，亦展示出当地传统民俗中的海洋特色。这种创意是对传统文化的传承与保护，同时将人海和谐的理念融入赶海节活动中，赋予赶海节文化底蕴，为其长久发展增加了潜力。

2. 以新形式展现当地传统文化

刘家湾赶海节的活动内容以当地民俗事项传统为基础，结合滨海生态景观，发挥地域性和海洋性特色，在节庆中增加了许多新形式的创意活动，如刘家湾赶海园管委会在赶海节期间会举办刘家湾民俗表演、人体彩绘农民画、渔家女巧手织渔网比赛、海洋知识问答等活动。赶海园内的海之门演艺广场是园区的标志性景点，多种民俗风情演出在此上演。刘家湾赶海园管委会为了丰富传统民俗文化的展现形式，推出名为《沧海神韵》的情景演艺作品，丰富的演出内容呈现地方民俗特色，其中既有旱船、高跷、吕剧等地方戏曲演出，也有八仙过海、水漫金山、哪吒闹海等传统水族舞表演。赶海节期间举办的渔家女巧手织渔网比赛，是以竞赛的形式来展现传统的手工织渔网技艺，加深了游客与渔民对织渔网技艺的认识和重视。比赛的规则是：从刘家湾赶海园附近渔村挑选 10 名渔家女，在规定时间内织渔网长度最长者获胜，并获得奖品。游客除了观看渔家女织渔网的过程，还可以向她们学习织网手法，亲身感受渔家的生产技艺。以保护传统文化生态为基础，通过赶海节旅游活动的策划来展现传统文化特色，用娱乐化的方式充分演绎传统的生产、生活习俗，使更多当地居民和旅游者欣赏刘家湾及日照地区的传统民俗文化，是现代化进程中保护和传承传统文化的一种必然选择。

传统民俗文化活动只有与时俱进才能促进地域民俗文化的传承与发扬，并满足现代旅游者的愉悦体验。[1] 以旅游节庆开发为发展模式，实现传统文化传承与旅游业发展的共赢，并塑造现代化的、接受群体广泛的文化旅游项目，有利于通过创新形成具有特色的文化旅游品牌。

（二）打造民俗节庆品牌，提升旅游城市形象

文化品牌建设是文化产业振兴的根本，是文化产业的核心竞争力之所在。节庆活动的连年成功举办，对于提升城市形象、扩大城市影响力有着不可估量的重要作用，打造节庆品牌，对于城市的文化建设和经济发展意义非凡。节庆旅游要赢得市场，必须打造具有核心竞争力的品牌。[2] 在中国节庆产业"金手指"评选活动中，刘家湾赶海节荣获"十大民俗类节庆"奖项，成为独具特色的海洋民俗节庆品牌。日照作为滨海旅游城市，拥有"国家园林城市""中国优秀旅游城市""水上运动之都"等城市名片，更

---

① 李冬芹：《传统民俗节庆的旅游创新研究——以宜昌端午文化旅游节为例》，硕士学位论文，华中师范大学人文地理学专业，2013，第 35 页。

② 洪静、赵磊：《山东省节庆旅游资源开发研究》，《理论学刊》2013 年第 12 期，第 109 页。

是有着"东方太阳城"的美称。刘家湾赶海节走产业化发展路线，成功打造了民俗旅游节庆品牌，其中渔家民俗、太阳文化、赶海旅游项目都与日照的城市定位相呼应。赶海节中特有的传统文化元素也为日照增添了文化底蕴，提升了城市形象，节庆中所贯穿的人海和谐发展理念更是顺应了山东半岛蓝色经济区建设的国家战略。

刘家湾赶海节的品牌化战略思路是：通过充分开发利用当地传统文化和滨海环境特色，以期对游客形成强大的吸引力，从而提高辨识度和知名度，打造兼具良好社会效益与经济效益的文化品牌。传统文化成为赶海节特色的保障，而品牌的特色是提高市场竞争力的关键，因此，独具特色的传统文化不仅成为赶海节品牌的坚实基础，也为其长期的发展注入活力。自 2008 年开园迎客以来，日照国际海洋城管委会和赶海园管委会大力发展民俗旅游，为节庆旅游添加新元素，在节庆中呈现传统民俗，包括当地的生产方式、生活方式等具有地域性特色的文化，将园区和赶海节成功打造成知名品牌和文化标志，已获得良好的品牌效应和知名度。赶海园在 2013年申报"中国·日照赶海旅游节"休闲主题周，荣获"2013 年好客山东休闲汇最佳主题周一等奖"。赶海园景区还先后获得"国家 AAAA 级旅游景区""全国科普教育基地""山东十佳旅游景区""最受游客喜爱的魅力景区"等荣誉，成为日照的一张名片。

（三）提高刘家湾经济收入

地方旅游节庆在实现品牌化的过程中，伴随着知名度和美誉度的提高，在旅游节庆活动举办期间，可以迅速地聚集人力、物力和财力，改善举办地的投资环境，促进当地经济、社会的发展。① 赶海旅游的产业化促进了刘家湾餐饮、住宿、零售等行业的发展，并通过带动第三产业尤其是服务业促进了当地居民就业。赶海园一期工程投资达 8000 万元，自开园以来多次被评为省、市、区旅游行业先进单位，已接待 10 万余名游客，门票收入累计达 350 余万元。这是赶海园方面直接获得的经济收益，主要用于赶海园的管理维护和进一步投资，如日常对于沙滩、海水中残留垃圾的清理，以及

---

① 泥倩倩：《山东省旅游节庆品牌化发展研究》，硕士学位论文，华中师范大学人文地理学专业，2013，第 19 页。

赶海园二期工程露天游泳池、亲海栈道和旅游综合服务中心的规划建设。

原本刘家湾主要依靠渔业资源来发展经济，给海洋生态造成了一定压力，不利于可持续发展。近年由于过度捕捞等原因，近海水产捕获量下降，更是严重影响到渔民的经济收入。因此，在刘家湾发展民俗旅游产业，是对保护海洋资源、促进渔民转产转业和提高渔民收入的一种积极的探索。如今赶海节的民俗旅游开发使当地居民不再单纯依赖海上捕捞和种植，近海的生物资源主要用于游客观赏和"赶海"，与渔民集体出海捕捞相比，游客的捕获量非常低，使蟹类、贝类有了更大的生存和发展空间。同时，海洋旅游业是一种具有较大产业关联度的产业，海洋旅游消费包括"衣、食、住、游、购、娱"六大要素，这六个方面的需求为食品工业、交通运输业、邮电通信业和其他服务行业提供了市场，促进和带动了这些产业的发展。[1]赶海旅游涉及游玩、购物、住宿、娱乐等多方面，提供了良好的就业机会和环境，不仅提高了当地居民的生活水平，而且使刘家湾的产业结构得到优化。赶海园不仅需要专业经营、销售人员，清理、维护工作也需要大量劳动力，赶海园周边发展起来的餐饮、住宿等服务业也能够提供多种多样的就业岗位，促进各个层次的灵活就业，很大程度上吸纳了刘家湾的闲散劳动力，便于他们通过自身的劳动创造价值。赶海园的发展还为当地居民创造了良好的创业环境，刘家湾村民在园区附近开办"渔家乐"形式的旅馆、餐厅，或是出售工艺品、特色海产品等附加值较高的纪念品，提高了收入。

（四）促进日照旅游基础设施建设

城市的基础设施建设对旅游地的接待能力有着直接的影响，较高的基础设施水平能够为旅游节庆实现品牌化提供保障，是吸引游客的动力之一。日照国际海洋城管委会为了推动赶海节旅游活动发展，建设了一系列的配套设施，首先建成了赶海园手工艺品现场制作区和购物区，其次在园区外建了两个大型停车场，同时为扩大当地旅游的吸引力和承载力，在赶海园南侧的金沙岛建成了国际海滨浴场和国际沙滩高尔夫球场。刘家湾的旅游景点和旅游服务设施紧密相连并逐渐规模化。日照国际海洋城管委会还规

---

[1] 曲金良：《海洋文化与社会》，中国海洋大学出版社，2003，第179页。

划并建设了桥东头旅游度假村、日照滨海度假中心、日照碧瀛海岸度假村和海滨特色居住区，接待能力达到千人以上。

日照市旅游与赶海节节庆的发展是互相促进的，包括日照市的区位优势、科技水平、经济效益等在内，其总体的发展是赶海节顺利举办的基础；刘家湾赶海节的发展又极大地推进了日照旅游基础设施的建设，提高了日照整体的旅游服务水平。

三　赶海节当前存在的问题及其原因

赶海节的发展，经历了一个从起步到逐步规范的过程，以传统民俗文化为特色，通过产业化的模式，呈现独具一格的海洋旅游节庆，并为保护当地传统民俗文化和促进经济发展提供了有益的探索。但与此同时，赶海节作为传统民俗文化传承的新模式，缺少能够学习的经验和范例，在挖掘传统文化资源和市场运作等方面出现了一系列不可忽视的问题。

（一）市场化运作不充分

赶海园最初由涛雒镇管理，并在 2002 年成立刘家湾赶海园管理处，2003 年更名为刘家湾赶海园管理委员会，成为正科级事业单位，由东港区政府负责运作。此后，赶海园又划归涛雒镇管理，2004 年，东港区政府重新负责开发、经营、建设赶海园，直至 2011 年，日照国际海洋城管委会成立，并负责管理刘家湾赶海园。可以说，虽然赶海节的管理负责部门几经调整，但政府在赶海节的建设发展中一直居于主导地位。不可否认，政府的管理与推广拉动了赶海节的快速发展，但从长远来看，市场经济条件下，走市场化运作之路是旅游节庆的必然选择，节庆策划和产品管理的市场化是其主要内容。[①] 尤其是赶海节发展快速，直接获得的经济收益可观，赶海节的管理部门并未及时跟进市场，也未根据市场的反应来调整和完善节庆活动，主要表现在近几年赶海节期间的娱乐活动重复性较大，内容和形式与往年大同小异。这样一来，新的民俗旅游模式虽能产生强大的吸引力，

---

① 泥倩倩：《山东省旅游节庆品牌化发展研究》，硕士学位论文，华中师范大学人文地理学专业，2013，第 33 页。

但对多数游客来说，缺乏持续性的吸引。

很多地方将旅游节庆看作纯粹的政府行为，或是因当地的旅游业发展不够成熟，导致地方将旅游节庆看作政绩的一个方面，致使旅游节庆成为"劳民伤财"的行为，这样既不利于其可持续发展，也不可能实现创新。[①]赶海节举办主要依靠政府的行政命令，导致市场的作用得不到充分发挥。赶海节中虽有企业的赞助投资，但主要表现在负责赶海节娱乐竞赛活动中奖品的提供，从整体上看，参与赶海节的企业数量较少，与赶海园管委会的合作也不够深入，企业参与的积极性仍较低，对节庆活动的长期规划产生了不利影响。

（二）对传统文化资源挖掘不够深入全面

从 2008 年开始，刘家湾赶海园在每年的农历六月十三举办渔民节。渔民节是传统的渔家节日，渔民在这一天祭拜海神，祈求平安多福。赶海园在举办渔民节时，会增加民俗演艺等娱乐项目，主要凸显拜龙王和祭海神娘娘等传统习俗，但对于传统渔民节中抓阄确定渔场以及庆祝新船下水的仪式和习俗未能充分体现。赶海园内的海神庙、渔家民俗馆通过文字、图片、音频等方式展示了刘家湾传统的渔家生产习俗和信仰活动，但园区内的其他规划设计仍然缺乏体验性较强的民俗文化展示项目，游客和当地居民难以深入了解传统文化内涵，也难以对传统文化形成强烈的认同感。过去渔村居民收入来源比较单一，主要是依靠海上捕捞，因此渔村经济增长缓慢，得到关注较少，进而导致许多优良的传统文化没有受到重视。虽然当前政府重视当地传统文化的保护与传承，推进赶海节的产业化发展，成功打造了赶海旅游和传统民俗文化相结合的特色品牌，但在整体上看，对于渔村传统文化资源的开发利用不够全面，对其内涵的挖掘也不够深入。

（三）对于当地的带动缺乏宏观规划

在赶海节的带动下，赶海园周边的餐饮、住宿等服务业应市场需求而生。由于没有宏观的规划，当前刘家湾服务业的发展没有形成合理的秩序，

---

① 泥倩倩：《山东省旅游节庆品牌化发展研究》，硕士学位论文，华中师范大学人文地理学专业，2013，第 33 页。

村民大多以"渔家乐"的形式开展，模式高度一致，既无法在特色上形成互补，更不利于实现当地第三产业的长期良性发展。当地服务业的特色发展受阻，也必然成为赶海节扩大影响力的障碍。

总体来说，赶海节这一海洋节庆的发展才刚起步，其中产生的种种问题是由于相关的社会条件还不够完善，发展模式仍不成熟。政府的海洋节庆观滞后，在投资、策划、管理等方面采取全程干预的方式，使赶海节难以有足够的空间进行市场化运作。当地居民尤其是渔民并未认识到刘家湾传统民俗文化为赶海节注入的文化价值，单纯看到赶海节为刘家湾带来的巨大经济收益，也就难以对传统民俗文化形成强烈的认同感。再加上刘家湾旅游产业整体的发展规划不够完善，赶海节在带动相关产业快速发展同时难以实现长期有序发展。

四 赶海节的出路

赶海节在产业化发展进程中出现的问题主要体现在缺乏宏观规划、没有充分挖掘文化资源等方面，因此，刘家湾赶海节的建设发展应注重传统文化与生态环境的保护，顺应社会发展趋势，以当地传统民俗文化为亮点，发挥科技创新作用，完善市场化运作模式。

（一）凸显渔家民俗文化特色

节庆作为一个民族或一个区域群体文化的符号和载体，其文化内涵的丰富与否决定了节庆旅游活动能否吸引民众广泛持续参与，从而能否形成品牌效应。只有真正融合当地的民俗文化，民俗旅游节庆才具有文化骨骼、精神支撑、长久的生命力，以及不断创新发展的源泉。[①] 因此，现代化的节庆发展模式离不开传统文化，一旦脱离传统文化的深刻内涵，必然无法持续运行。赶海节活动的发展规划要将传承和弘扬优良传统文化作为首要目标，以传统民俗文化为灵魂，将其贯穿在赶海节旅游活动的始终，并在此基础上开展渔家文化、太阳文化和赶海拾贝相结合的刘家湾赶海旅游活动，

---

① 薛美花、何佳梅：《山东省民俗旅游节庆发展比较研究》，《中国农业银行武汉培训学院学报》2008 年第 4 期，第 81 页。

在创新的同时继续彰显其深厚的文化内涵。

通过对特色文化的内涵进行挖掘，打造具有地域性特色的文化产品，是推进经济发展、提高城市形象的有效模式。濒海的地理位置和地区文化，使刘家湾形成了独特的涉海生产与生活习俗。刘家湾民俗文化正是以地域性为基础造就了独一无二的特征，赶海节必须要注重该特色，通过传统民俗开创节庆品牌，这也有利于当地经济的可持续发展。赶海园要把传统民俗文化作为重中之重，通过凸显渔家民俗等特色元素来开发赶海旅游活动，以符合社会发展潮流的方式加深游客对当地传统文化的体验，提高刘家湾村民对于自身传统文化的认同感和自豪感，提升园区的竞争层次和竞争力。

（二）保护生态与经济发展相协调

传统文化旅游资源开发，必须从生态环境、资源空间、经济实力以及客源状况等各个方面进行综合考量。① 赶海园要定期对当地的生态、经济以及文化资源进行全面规划，在此基础上进行赶海节旅游项目的建设，使其接待规模不超过刘家湾生态与社会的承载能力。赶海节的旅游开发活动必须以严格保护自然环境和人文资源为基础，这样才能合理开发并永续利用当地的自然和文化资源优势。将传统的民俗文化看作资源进行开发利用，并不是对现有文化资源的肆意消耗，而是通过现代化的开发促进传统文化的传承，丰富并发展当地的文化资源。在这一过程中，必须要以可持续的理念为基础，同时对传统民俗文化的保护是开发利用的基本原则。

赶海节将民俗文化和赶海旅游活动相结合，对生态环境有较高的要求，因此，要主动保护当地的自然环境，尤其是海洋生态。在生态质量与其他方面发生冲突时，包括与景观质量发生冲突时，应以生态质量优先。② 赶海节使大量游客集聚，针对其可能对当地环境产生的压力，要加强管理，提升环保意识，避免产业化的发展方式对环境造成破坏，以实现生态环境保护和经济发展的双赢。

---

① 宋嵋：《传统节日文化与山东节庆旅游资源开发》，硕士学位论文，山东大学专门史专业，2006，第 36 页。
② 黄春：《江西旅游经济与文化产业的互动模式探讨》，《科技广场》2013 年第 8 期，第 227 页。

（三）完善商业化和市场化进程

赶海节从创立发展至今，政府在其中发挥着最主要的作用，但仅仅依赖政府的调控力量并不适用于当前的市场经济发展规律，不能顺应社会的发展。历史上政府干预过多导致的市场化不足是山东省旅游节庆存在的一大问题，在日益充分的市场化社会，有必要加强旅游节庆的市场化运作。在市场条件下，旅游节庆的运作方式更加多样化，节庆活动的运作也要逐步向"政府主导、市场运作、产业协办"方向转变。[①]

因此，赶海节的发展应一方面由政府监督引导，另一方面完善市场化的运作模式，充分利用多方的力量和资源。赶海节各个项目从规划开始，就应以特色吸引媒体，这样才能促进各方的积极参与。应广泛利用旅游公司、旅行社和各类旅游研究机构，进行节庆活动的策划和具体操作。政府也应该转变职能，通过多种渠道吸引企业和民间投资，甚至外商投资，保证赶海节拥有足够的资金支持。[②] 文化产业拥有较高的附加值，与节庆旅游形成良好互动将是增值的积极模式。因此，要依托市场竞争机制，增强营销策划理念，拓宽宣传渠道，加大宣传力度，充分挖掘节庆旅游的市场潜力和经济效益，积极进行商业化运作。[③] 赶海节的商业化与市场化进程早日得到完善，就能使这一模式趋于稳定和成熟，更大限度地减少传统民俗文化的流失，在现代社会彰显更大的文化价值。

（四）发挥科技创新在保护传统文化中的作用

科技水平的快速提高，使其在传统文化的传承与开发方面凸显了重要作用。利用先进的互联网、数字化技术可以清晰、详尽地展示传统文化成果。在刘家湾，一些在渔民传统的生产、生活中沿袭的民俗随着社会变迁而逐渐消逝，旅游者甚至是当地居民也难以全面地参观并感受传统的渔家文化。民俗旅游产品的开发应坚持参与性原则，发挥动态性强的优势，使

---

① 泥倩倩：《山东省旅游节庆品牌化发展研究》，硕士学位论文，华中师范大学人文地理学专业，2013，第 49 页。

② 宋嵋：《传统节日文化与山东节庆旅游资源开发》，硕士学位论文，山东大学专门史专业，2006，第 51 页。

③ 洪静、赵磊：《山东省节庆旅游资源开发研究》，《理论学刊》2013 年第 12 期，第 109 页。

旅游者能够真正体验传统民俗。赶海节应整理刘家湾以及周边地区民俗资源，并充分利用现代科技，以先进的图像技术、计算机虚拟技术等为途径，将刘家湾传统的渔家生产、生活事项和海神信仰等民俗事项展览再现，加强旅游项目的体验性。创新性的文化呈现方式也会使赶海节产生更大的吸引力，成为旅游者了解当地传统文化的重要载体和方式，并为传承传统文化提供有力支撑。

（责任编辑：佟英磊）

渔民群体与渔村社会

中国海洋社会学研究

2016 年卷 总第 4 期

第 39~46 页

渔村妇女就业影响因素实证研究

——以上海金山嘴渔村为例[*]

张　丽　韩兴勇^{**}

摘　要：本文在对上海金山嘴渔村妇女就业状况及影响因素调查的基础上，运用二元 Logit 模型，分别从渔村妇女的个人和家庭方面的因素对渔村妇女就业影响因素进行实证分析。结果显示：文化程度、是否有子女上学、是否有老人需要赡养、家人的态度、其丈夫从事的工作行业与渔村妇女就业呈显著正相关。由此笔者提出重视渔民的教育、鼓励和指导渔民创业、完善社会保障制度的建议。

关键词：渔村妇女　就业　影响　Logit 模型

一　引言

我国与周边国家渔业协定的签订导致海洋渔业捕捞面积缩小、渔业资源逐步匮乏。与此同时，海洋污染问题和生态环境恶化问题也逐步加剧。于是，渔民劳动力过剩的问题逐步显现，渔民的就业问题有待解决。渔民

---

* 本文原刊载于《中国农业学报》2015 年第 4 期。

** 张丽（1989~），祖籍江苏南通，上海海洋大学经济管理学院硕士研究生，渔业经济与管理专业，主要研究方向为渔业经济。韩兴勇（1957~），祖籍浙江绍兴，上海海洋大学经济管理学院教授，博士，研究方向为经济学、社会经济史、海洋经济与文化。

转产转业问题的研究受到我国很多学者的关注。[①] 然而，基于渔村妇女这一特殊群体就业的文章和研究报告并不多。之前研究妇女问题，更多的是从优惠政策、法律法规等方面来研究以利于保护和提高妇女地位，很少有针对性地对渔村妇女就业进行探究分析，特别是与这一课题有关的实证研究，更是基本空白。

本文建立在实地调研所获取的第一手数据资料的基础上，对渔业转型背景下的金山嘴渔村妇女就业影响因素进行实证分析，进而通过分析结果给出促进渔村妇女就业和提升渔村经济发展的相关策略和建议。

二　渔村妇女就业影响因素的选取

由于关于渔村妇女劳动力转移影响因素的实证研究较少，且渔村妇女劳动力转移问题与渔业和农业劳动力转移问题具有一定的相似性，因此本文对渔村妇女就业影响因素的选取借鉴了前人对渔民转产转业和农村劳动力转移的研究成果。关于农村劳动力转移的实证研究中，赵耀辉[②]、朱农[③]、Roland-Hoist[④] 认为我国农村劳动力转移的影响因素除了城乡收入差异和地区发展不平衡等宏观因素外，还包括个人特征、家庭特征、输出地和输入地的特征、迁移成本以及制度因素等许多经济和非经济因素。赵耀辉以四川省为例，在劳动力的受教育程度上对劳动力流动进行了研究，得出受教育程度对其外出就业作用不是很显著；而其通过对北京郊县昌平三个村劳动力流动的研究则发现，教育对劳动力从农村到城市的永久迁移的作用很

---

① 宋立清：《中国沿海渔民转产转业问题研究》，中国海洋大学博士学位论文，2007；陈鹏、黄硕琳、陈锦辉：《沿海捕捞渔民转产转业政策的分析》，《上海水产大学学报》2005 年第 4 期；忻佩忠：《沿海捕捞渔民转产转业的实证分析与政策研究》，浙江大学硕士学位论文，2006；居占杰、刘兰芬：《我国沿海渔民转产转业面临的困难与对策》，《中国渔业经济》2010 年第 3 期。

② Zhao Yaohui, "Labor Migration and Earnings Differences: The Case of Rural China," *Economic Development and Cultural Change* 4 (1999): 67 - 82.

③ Zhu Nong, "The Impacts of Income Gaps on Migration Decisions in China," *China Economic Review* 13 (2002): 213 - 230.

④ David Roland-Hoist, "Labor Market and Dynamic Comparative Advantage," *Dynamic Issue in Applied Commercial a Policy Analysis* 1CEPR, November, 2004.

显著。[1] 朱晓莉、杨正勇认为渔民转产转业的影响因素为渔民个人因素和家庭因素：个人因素包括年龄、受教育程度、风险偏好以及从事渔业的时间；家庭因素包括家庭总人数、家庭从事渔业的人数、家庭是否有子女上学、家庭中是否有老人需要赡养、渔业收入在家庭总收入中的比例和从家里到市区的交通费用。[2]

基于以上的分析和对上海金山嘴渔村妇女就业实际情况的了解，本文选取以下因素作为渔村妇女就业影响因素：

渔村妇女个人因素，包括年龄、受教育程度。一般来说，受教育程度越高、年龄越小，其本身求知欲就越强，且学习能力较强，较能接受新的环境和观念，其就业面也越广，就业机会大。

渔村妇女家庭因素，包括家庭总人数、家庭是否有子女上学、家庭是否有老人需要赡养、家人对其工作的态度、其丈夫的工作行业。一般来说，家庭人口数量多，家庭有子女上学，那么其生活压力大，其就业的可能性就大；若家里有老人需要照顾，那首先考虑的就是家庭中的妇女不外出就业。迫于自古以来的孝道观念或是事实情况的需求，渔村妇女都会选择放弃工作来担负"照顾老人"这一责任。家庭对其工作的支持态度高，那么其就业的可能性就比较大。此外，其丈夫的就业状况在很大程度上影响了妻子的就业状况。

三 模型的设定、样本的选择、变量的设定

（一）模型的设定

本文研究的金山嘴渔村妇女的就业，其含义是渔村的妇女是否有工作。其结果有两种，一是有工作，二是没有工作。本文以渔村妇女是否就业为因变量，即 0 ~ 1 型因变量，（有工作定义 y = 1，没工作定义 y = 0），设 y = 1 的概率为 P，则 y 的分布函数为：

$$f(y) = P^y(1 - P)^y \tag{1}$$

---

① 赵耀辉：《中国农村劳动力流动及教育在其中的作用》，《经济研究》1997 年第 2 期。

② 朱晓莉、杨正勇：《上海淀山湖水源保护区渔民转产转业影响因素的实证分析》，《农业技术经济》2008 年第 3 期。

本文采用二元选择 Logit 模型，将因变量的取值限定在 ［0 - 1］ 范围内，并采用极大似然法对其回归参数进行评估，Logit 模型基本形式如下：

$$P(i) = F(zi) = F\left(\alpha + \beta \sum_{j=1}^{m} \beta X_{ij}\right) = \frac{1}{1 + e^{-\left(\alpha + \sum_{j=1}^{m} \cdot \beta_j X_{ij}\right)}} \qquad (2)$$

根据 （2） 得到：

$$\ln \frac{P}{1 - P_i} = \alpha + \sum_{j=1}^{m} \cdot \beta_j X_{ij} \qquad (3)$$

在上式 （2）、（3） 中，P_i 表示渔村妇女就业的概率，i 为渔村妇女编号；β_j 为影响因素的回归系数；j 为影响因素的编号；m 为影响这一概率的因素个数；X_{ij} 是解释变量，表示第 i 个样本渔村妇女的第 j 种影响因素；α 表示回归截距。

（二） 样本选择

问卷是根据对渔村妇女的基本了解、为解决渔村妇女就业问题而设计的。问卷分为两个部分，分别是渔村妇女个人基本情况和家庭状况。

从行政上划分，金山嘴渔村隶属上海市西南部的金山区山阳镇，南濒东海杭州湾，拥有近 6 公里海岸线，渔业村区域面积约 3.5 平方公里，常住人口 2000 多人。本次调查的对象为该渔村的妇女，采取随机抽样的方法，共发放问卷 180 份，回收有效问卷 160 份。

受访者中有工作的妇女约占 74.38%，没有工作的约占 25.62%。表 1 为受访者的年龄和文化程度基本情况的分布。

表 1　受访者基本情况的统计特征

	项目	样本量 （人）	占比例 （%）
年龄 （岁）	≤30	10	6.3
	31 ~ 40	57	35.6
	41 ~ 50	52	32.5
	51 ~ 60	34	21.3
	≥61	7	4.4

	项目	样本量（人）	占比例（%）
受教育程度	小学及以下	27	16.9
	初中	56	35.0
	高中或中专	65	40.6
	大专及以上	12	7.5

（三）模型中主要变量的统计性描述

本文在调查渔村妇女就业的影响因素时，主要选取渔村妇女个人因素变量和家庭因素变量进行考察。渔村妇女个人因素，包括年龄、受教育程度。渔村妇女家庭因素，包括家庭总人数、家庭是否有子女上学、家庭是否有老人需要赡养、家人对其工作的态度、其丈夫的工作行业（见表2）。

表2　模型变量说明和统计性描述

模型变量	变量定义	最小值	最大值	均值	标准差
1. 渔村妇女个人因素变量					
年龄	年龄（1=30岁及以下，2=31~40岁，3=41~50岁，4=51~60，5=61及以上）	1	5	2.82	0.98
受教育程度	1=小学及以下，2=初中，3=高中，4=大专及以上	1	4	2.39	0.85
2. 渔村妇女家庭因素变量					
家庭总人数	家庭总数（人）	2	6	3.55	0.93
家庭是否有子女上学	0=否，1=是	0	1	0.50	0.50
家庭是否有老人需要赡养	0=否，1=是	0	1	0.36	0.48
家人对其工作的态度	0=反对，1=支持，2=无所谓	0	2	1.04	0.60
其丈夫从事的工作行业	1=传统渔业（捕捞/养殖），2=非传统渔业（休闲/水产品加工业），3=其他（非渔行业，创业、打工等）	1	3	2.74	0.56

续表

模型变量	变量定义	最小值	最大值	均值	标准差
被解释变量					
就业状况	0 = 否，1 = 是	0	1	0.74	—

四 实证结果分析

本研究运用 Eviews 7.2 统计软件对样本数据进行 Logit 回归处理，对渔村女性就业的影响因素进行分析。将所有变量纳入回归方程，最终结果显示受教育程度、是否有子女上学、是否有老人需要赡养、家人对其工作的态度、其丈夫从事的工作行业这五个因素对渔村妇女就业影响较为显著，而年龄和家庭总人数因素对渔村妇女就业影响不显著。

表 3 Logit 模型分析结果

变量	参数	Z 统计值
常数 c	− 4.44	− 1.89
1. 渔村妇女个人因素变量		
年龄	− 0.17	− 0.49
受教育程度	0.66 *	1.65
2. 渔村妇女家庭因素变量		
家庭总人数	− 0.16	− 0.62
家庭是否有子女上学	1.57 ***	2.69
家庭是否有老人需要赡养	1.53 ***	2.49
家人对其工作的态度	1.36 ***	3.44
其丈夫从事的工作行业	0.95 **	2.10
LR 统计值	54.47	

注：*、**、*** 表示统计检验分别达到 10%、5% 和 1% 的显著水平。

第一，受教育程度与渔村妇女就业呈显著正相关，这与笔者的假设一致。相对于受教育程度稍低的渔村妇女来说，较高的受教育程度对就业而言是有益的。一方面，目前的渔村已经逐步转型，对妇女劳动力基本素质的要求有所提高，渔村妇女的工作由织补渔网、拣虾皮等传统工作转换到服务、餐饮行业、零售行业等，有些甚至是对学历有更高要求的工作。另一方面，渔村妇女受到的教育程度越高，接收到的信息越多、掌握的能力越大，自主择业的要求也会相应提高。朱晓莉、杨正勇的研究结果表明，"渔民受教育程度越高，更愿意转产"[①]，与本研究结果相似。

第二，家庭是否有子女上学与渔村妇女就业呈显著正相关，这与笔者的假设一致。因为，如果有子女上学，那么家庭生活开支压力稍微大一些，会促使渔村的妇女走出家门，走上就业岗位，其收入可以贴补家用。另外，子女在上学，其母亲就不需要一直在家照顾，也有更多自由支配的时间。

第三，家庭是否有老人需要赡养与渔村妇女就业呈显著正相关。这与笔者的假设相反。原因可能是：目前社会保障逐步在提高，社会观念也在与时俱进，那种家庭妇女要足不出户在家照顾老人等传统观念已经逐渐消失。渔村设有老年人活动中心等，使得老人的生活更加丰富，其独立性越来越强，家庭中的老人不用担心因子女外出工作而影响生活。而且通过实地访谈也可了解到，现如今老人们的思想也在逐步转变，他们不想因为个人原因影响到子女的事业。

第四，家人对其工作的态度与渔村妇女就业呈显著正相关，这与笔者的假设一致。尊重家庭成员的态度、听取家人的意见、处理好家庭成员间的关系对渔村妇女来说至关重要。一般来说，渔村妇女就业的最大动力就来自家庭，只有家人支持和鼓励才能使渔村妇女消除后顾之忧，听取家人的意见有利于家庭和睦，所以家人的态度与渔村妇女就业呈显著正相关也就在情理之中了。

第五，其丈夫从事的工作行业与渔村妇女就业呈显著正相关，这与笔者的假设一致。这就表明，丈夫工作行业对渔村妇女来说是有直接影响的，在社会环境相对封闭独立的渔村尤为如此。如果丈夫从事的行业是传统渔业，渔村妇女有更大的可能去从事渔业辅助工作。而当丈夫转产之后，渔村妇女基本不会再从事传统渔业的相关工作，而是逐步转向别的行业。例如，其丈夫选择放弃捕捞而转向餐饮行业，渔村妇女很可能选择辅助经营餐馆。在传统观念的影响下，渔村妇女的就业独立性是受到影响的，而更

---

① 朱晓莉、杨正勇：《上海淀山湖水源保护区渔民转产转业影响因素的实证分析》，《农业技术经济》2008 年第 3 期。

倾向于辅助丈夫所从事的行业。

五　结论与建议

研究结果表明，上海金山嘴渔村妇女的就业率为 74.38%，在众多影响其就业的因素中，受教育程度、家庭是否有子女上学、家庭是否有老人需要赡养、家人对其工作的态度、其丈夫的工作行业通过了显著性检验，表明这些因素对金山嘴渔村妇女的就业有显著影响，影响系数分别为 0.66、1.57、1.53、1.36 和 0.95，其他因素的影响不显著。根据 Logit 模型分析结果，结合笔者对金山嘴渔村的实际调研情况给出以下建议。

第一，重视渔民的教育，提升渔村妇女的基本素质。目前，渔村正向着打造集旅游、度假、生态为一体的景区大步迈进，渔村产业结构的转型升级是大势所趋，与此同时带来了具有前景和挑战性的岗位需求，符合岗位要求的妇女劳动力不足。而受教育程度的高低在很大程度上决定了渔村女性的职业发展方向和前景。对个人而言，受教育程度越高，其思想相对不会太封闭，对自己的职业发展方向和前景提出的要求也会越高，不会满足于所需技能较低的职位，客观上会促进渔村的发展。

第二，鼓励和指导渔民创业，提高渔村妇女的就业可以从其家庭成员就业状况来考虑。渔村妇女的就业很大一部分受到其丈夫或者其他家庭成员就业状况的影响。渔村休闲渔业的不断发展，带动了餐饮业、旅游业的发展，给渔民带了不少商机。以此为契机，渔民完全有可能抓住机会进行创业。政府部门更应鼓励和指导渔民创业，这不仅会解决渔村妇女的就业问题，还会带动渔民的整体就业，以此推动渔村产业结构的转型升级。

第三，完善社会保障制度，丰富渔村老人的生活。渔民曾经受"男主外，女主内"的传统思想影响很大，渔村妇女的职责一度就是待在家里操持家务、照顾家里的老人和教育小孩。目前渔村妇女就业上仍然很大程度上受到家庭的影响，特别是家里老人赡养的问题。而渔民已经开始意识到传统观念的负面性，因此假使家庭的老年人生活得到保障并且充实，其子女便会把重心放在工作上。

（责任编辑：杨阳）

中国海洋社会学研究

2016 年卷　总第 4 期

第 47~60 页

© SSAP, 2016

中国渔民收入影响因素分析

——基于中国沿海各省市 2004~2013 年的实证研究[*]

赵宗金　杨　媛[**]

摘　要：影响渔民收入的因素可以从市场、政策、人为三个方面来分析，本文分别从这三个因素中选取水产品价格、海洋捕捞产量、税收负担以及受教育水平四个变量，对 2004~2013 年中国 11 个沿海省市的数据进行回归分析。研究结果显示，就全部沿海省市而言，受教育水平、水产品价格、海洋捕捞产量对渔民收入有显著的影响，税收负担对渔民收入没有影响。本文还根据不同的影响因素提出了相应的对策。

关键词：渔民收入　海洋捕捞产量　实证分析

一　背景与问题

我国是个渔业大国，改革开放初期，在水产品的价格高于农副产品这一比价效应的刺激下，渔业实现了突破性的发展，渔民收入水平保持着高

---

* 基金项目：国家哲学社会科学基金项目"我国海洋意识及其建构研究"（11CSH034）。

** 赵宗金（1979~），中国海洋大学法政学院副教授，博士，研究方向：海洋社会学与社会心理学。杨媛（1992~），中国海洋大学社会学 2014 级硕士研究生，研究方向：海洋社会学。

速增长的势头。可是随着近几年粗放式的渔业经济增长，渔业资源的日益减少，柴油等生产资料价格大幅攀升，水产品价格不断下滑，海洋捕捞效益每况愈下，渔民收入增幅明显趋缓甚至下降，即使在丰收年份，也出现了增产不增收现象。[①] 包特力根白乙根据 1978～2007 年渔村居民人均纯收入的演进将改革开放以来渔村居民收入增长历程划分成四个阶段，分别是：渔民收入快速增长阶段（1978～1984 年）、渔民收入增速波动减缓阶段（1985～1990 年）、渔民收入反弹回升阶段（1991～1996 年）、渔民收入增速回落阶段（1997～2007 年）。[②] 近年来我国渔民增收越来越困难，这严重地挫伤了渔民的积极性，进而引发了社会秩序的不稳定，成为影响社会安定团结的重要因素。"三渔"问题随着社会经济发展逐渐凸显，渔民问题是"三渔"问题的核心，解决的关键是提高渔民的收入水平。因此，提高渔民收入是渔业和渔村经济发展的根本出发点和归宿。在此背景下，研究如何提高我国渔民收入的问题显得尤为迫切。

（一）渔民收入及其特征

1. 渔民收入来源及构成

渔村居民全年总收入是指渔村居民家庭当年从事渔业和非渔业的生产经营所得到的收入，不包括借贷性收入，也不包括非借贷性收入；渔业收入是指渔村居民家庭独家经营或向集体单独承包渔业生产的收入，以及渔村居民家庭成员参加集体或经济联合体的渔业生产、投资的分红收入；其他经营性收入是指渔村居民家庭单独从事渔业生产以外的行业所带来的创收入和渔村居民家庭成员参加集体或经济联合体的非渔业生产、投资所获报酬收入。[③]

对于渔民收入来源的研究有两种不同的观点：一种观点认为渔民收入主要来源于传统渔业，渔业收入是渔民的最主要收入，传统意义上的渔业收入主要来源于养殖、捕捞、水产品加工、渔业生产资料等。而养殖业和

---

① 程慧荣：《中国渔民收入问题研究》，硕士学位论文，中国海洋大学，2005，第 2 页。

② 贾永刚、包特力根白乙：《中国渔村居民收入结构及其特征分析》，《河北渔业》2010 年第 2 期。

③ 贾永刚、包特力根白乙：《中国渔村居民收入结构及其特征分析》，《河北渔业》2010 年第 2 期。

捕捞业是影响渔业收入的重要因素，王君玲运用线性回归计量经济学方法说明海水养殖对于渔民增收作用最明显，但同时也给渔民收入带来损失。[1] 同时，贾永刚等认为非渔业收入在渔民收入中比重不断上升。[2] 另一种观点认为来源于近现代渔业的家庭经营收入等是渔民的主要收入。[3] 同时，在东部沿海地区渔业收入成为当地农民的主要收入，渔业在农业发展中贡献巨大。

2. 渔民收入特征

关于渔民收入特征的研究主要集中在三个层次：首先，中国渔民收入呈现阶段性特征。众多学者认为目前渔民收入增长速度趋缓、难度增大。[4] 其中，贾永刚总结中国渔民收入经历了波动、反弹、减缓以及低迷四个阶段。其次，渔民收入结构正在发生变化，来自第一产业的收入比重下降，第二、三产业比重上升。其中，金素珍以福建省为例，说明了这一问题。最后，国内渔民收入呈现地域性差异，包括东部沿海与西部内陆、城镇与乡村，各省之间差异也较大。[5]

(二) 渔民收入影响因素

1. 不可抗力因素

不可抗力因素包括自然灾害和市场因素。市场竞争会导致生产成本的上升和水产品价格的波动。自然灾害会影响到海洋捕捞产量。任林军建立了风暴潮灾害评估体系，解析风暴潮灾害造成的渔民收入损失包括海水养殖损失、渔业捕捞收入损失、伤亡渔民潜在收入损失和休闲渔业区关闭渔民收入损失。[6] 国外对渔民收入影响因素的研究，近年开始关注气候变化、海洋环境污染的影响，认为不可预测的天气条件和赤潮等环境污染是渔民

① 王君玲：《海水养殖对我国渔民收入影响研究》，硕士学位论文，中国海洋大学，2007，第2页。

② 贾永刚、包特力根白乙：《中国渔村居民收入结构及其特征分析》，《河北渔业》2010年第2期。

③ 韩波、赵文武、高宏泉：《我国渔民收入情况分析》，《中国渔业经济》2009年第6期。

④ 刘春香、朱丽媛：《浙江省渔业竞争力比较研究》，《农业经济问题》2014年第3期。

⑤ 金素珍：《拓宽思路促进渔民增收》，《中国水产》2004年第12期。

⑥ 任林军：《我国风暴潮灾害造成的渔民收入损失评估研究》，硕士学位论文，中国海洋大学，2009，第2页。

增收的主要限制因素。①

2. 非不可抗力因素

非不可抗力因素包括政策及人为等可改变因素。在影响渔民收入的政策因素方面，权召伟等认为国际国内的某些政策会造成渔业资源的衰竭，过度捕捞、海洋环境污染会导致赤潮，城市化发展及海洋生态化境保护会导致水域范围减少，政府及组织管理方式落后、渔业产权界定不明晰和税收的不合理，② 另外，在人为因素中渔民自身劳动技能及文化素质低等，也是造成渔民收入减少的重要因素。

现有对于渔民收入的研究主要集中于渔民收入的国际比较、环境恶化和自然灾害影响、渔业发展趋势等方面，而对影响各沿海省份渔民收入的共同因素及个别因素的实证考察较少，而且多数集中于定性分析，缺乏定量研究，尤其是缺乏利用数据对中国主要沿海省份进行的比较研究。基于以上原因，本文将利用中国沿海 11 个省市 10 年的数据对影响我国渔民收入的因素进行分析，并根据实证结论提出相应建议。

二　概念、数据与方法

结合上述研究，本文选取水产品价格、海洋捕捞产量、税收和受教育水平这四个主要因素来考察渔民收入的影响因素，进而提出一些可供检验的假设。

（一）基本概念与假设

1. 概念提出

（1）渔民收入

渔村居民全年总收入是指渔村居民家庭当年从事渔业和非渔业的生产经营所得到的收入，不包括借贷性收入，也不包括非借贷性收入。进行渔

---

① Acquah Henry D and Abunyuwah Isaac. "Logit analysis of socio-economic factors influencing people to become fishermen in the central region of Ghana", *Journal of Agricultural Sciences*（2011）: 56 （1）.

② 权召伟、金麟根、曹亚：《提高上海渔民收入的对策研究》，《渔业经济研究》2007 年第 6 期。

业生产、出售水产品是渔民收入的主要来源，渔民还是依靠传统的生产方式获得收入，而非渔业经营活动仍处于萌芽状态。[①]

（2）水产品价格

水产品价格是水产品价值的货币表现。分析水产品价格与渔民收入之间的相关程度，可以及时为渔业生产经营者提供政策建议，是科学地指导渔业生产、搞活水产流通、促使渔民增收的举措之一。

（3）海洋捕捞产量

近几年来，我国海洋捕捞业发展突飞猛进，海洋捕捞量多年来连续位居世界前列，海洋捕捞业已成为新中国成立后发展最快的产业之一。然而海洋渔业资源并非是取之不尽、用之不竭的。进入 20 世纪 90 年代以来，由于沿海各地过分强调发展海洋捕捞业，盲目增添渔船、渔网，无节制的捕捞，海洋渔业资源逐年严重减少。目前，我国海洋捕捞强度已远远超过渔业资源再生能力，并严重威胁着我国海洋渔业的可持续发展。但不可否认的是，海洋捕捞业仍然是渔业最主要的产业，是渔民收入的重要来源。

（4）税收负担

从理论上讲，税收是调节收入的手段。造成我国收入分配差距的一个主要因素是税制。我国现行的税收政策对居民收入的调节作用，主要体现在个人所得税、财产税上。这些税收对于调节居民收入再分配起到了一定的作用。从 1980 年开征以来，个人所得税由当年征收的 16 万元到 2003 年征收的 1200 亿元，增长了 74 万倍。目前在许多地区，个人所得税已经位居地方税收收入的第二位。从发展趋势看，在一些经济发达地区，再经过 3~5 年的时间，个人所得税收入将成为当地的第一大税收，调节作用会更加突出。[②] 渔民是低收入者，政府通过降渔业税，就可以在一定程度上提高渔民的收入，保障渔民的基本生活。

（5）受教育水平

从各国的发展历史来看，一个国家的发展和这个国家的教育水平密切

---

① 贾永刚、包特力根白乙：《中国渔村居民收入结构及其特征分析》，《河北渔业》2010 年第 2 期。

② 古建芹、张丽微：《税率调整：强化我国个人所得税收入分配调节效应的选择》，《涉外税务》2011 年第 2 期。

相关。以日本为例，明治维新后日本大力发展教育，国民的文化水平提高以后对其迅速成为世界强国起到了重大作用。[①] 我们国家现在提倡科教兴国也是在总结了这些经验后提出的。这个认识是得到历史检验和证明的。同样，渔民文化水平的提高对今后渔业发展也将起到关键的作用。渔民教育是渔业和渔村经济发展的重要基础，是提高渔民收入的重要因素。

2. 研究假设

假设 1：水产品价格与渔民收入呈正相关；

假设 2：海洋捕捞产量与渔民收入呈正相关；

假设 3：税收与渔民收入呈负相关；

假设 4：受教育水平与渔民收入呈正相关。

（二）数据来源与变量选取

1. 数据来源

本文主要研究中国沿海省份渔民收入的影响因素。这里中国沿海省份是指天津、河北、辽宁、上海、江苏、浙江、福建、山东、广东、广西、海南这 11 个省（直辖市、自治区），时间跨度为 2004～2013 年，数据多来源于中国统计年鉴、中国渔业统计年鉴。本文是用 SPSS 16.0 对采集的数据进行处理。因变量是渔民收入，自变量是水产品价格、捕捞产量、税收、受教育水平。

2. 变量选取

渔民收入（Y）用 2004～2013 年渔民家庭收入调查数核定统计数据中的人均纯收入来反映；水产品价格（P）采用的是渔业总产值与水产品产量的比例，单位是元/千克；捕捞产量（BQ）采用的是 2004～2013 年按类别分，中国各地区海洋捕捞水产品产量统计数据，单位是吨；渔民税收负担（T）是用渔业税收占渔民总支出的比例来度量。由于不同年份的缴纳税款金额不具有可比性，因此本文采用缴纳税款的金额占渔民营业总支出的比重来度量渔民税收负担。渔民受教育水平（EDU）采用的是 6 岁及以上人口中，高中及高中以上文化程度占该地区总人数的比例来衡量。

---

① 王淼、权锡鉴：《我国海洋渔业产业结构的战略调整及其实施策略》，《改革与理论》2002年第 11 期。

（见表1、表2）。

表1 各变量名称及相应说明

变量		含义	计算方法	数据来源
被解释量	Y	渔民收入	直接可得	中国渔业统计年鉴
解释变量	P	水产品价格	渔业总产值/水产品产量	中国统计年鉴、渔业年鉴
	BQ	捕捞产量	直接可得	中国海洋年鉴、渔业年鉴
	T	渔业税负	缴纳税款/营业总支出	中国渔业统计年鉴
	EDU	渔民受教育水平	高中及以上文化程度人口/ 6岁及以上人口	中国统计年鉴

表2 描述统计量

	N	极小值	极大值	均值	标准差
	统计量	统计量	统计量	统计量	统计量
Y	110	4496.00	21453.09	10464.6823	3507.7
P	110	4.98	26.52	11.7932	4.08
BQ	110	15754.00	3220358.00	$1.1624E6$	9.40
T	110	0.00	0.05	0.0091	0.01
EDU	110	0.14	0.60	0.2615	0.09

（三）研究方法

1. 多元线性回归分析模型原理

在统计学中，回归分析法（regression analysis）是确定两个或两个以上变量间相互定量关系的一种统计学分析方法。它通过提供变量之间的数学表达式来定量描述变量间的相关关系，这一数学表达式通常被称为回归拟合方程。在通过有效性判定的回归拟合方程中，我们可以根据自变量的取值来预测因变量的取值。回归分析法在数据分析中主要有预测和控制两大功能。通过对已知数据进行回归分析得出回归拟合方程，利用该方程就可以在已知自变量的情况下预测因变量的取值。在实际问题中往往是根据预测结果来进行控制调整。

根据统计学理论，多元线性回归的数学模型是：

$$y = \beta_0 + \beta_1 x_1 + \beta_2 x_2 + \cdots + \beta_k x_k + \varepsilon \tag{1}$$

式 1 是一个 k 元线性回归方程式，其中包含有 k 个自变量。它表明因变量 y 的变化可由两部分解释：第一，由 k 个自变量 x 的变化引起的线性变化部分；第二，由其他随机因素引起的因变量 y 的变化部分，即 ε。β_0，β_1，$\cdots \beta_k$ 都是模型中的未知参数，β_0 称为回归常数，β_1，$\cdots \beta_k$ 称为偏回归系数。ε 称为随机误差，也是一个随机变量。对式 1 两边求期望，有

$$E(y) = \beta_0 + \beta_1 x_1 + \beta_2 x_2 + \cdots + \beta_k x_k \tag{2}$$

式 2 称为多元线性回归拟合方程。确定多元线性回归拟合方程中的参数 β_0，β_1，$\cdots$，β_k 是多元线性回归分析的关键。由于参数估计的数据全部取自样本，由此得到的参数只是参数 β_0，β_1，$\cdots$，β_k 的估计值，记为 $\hat{\beta}_0$，$\hat{\beta}_0 \cdots$，$\hat{\beta}_k$，于是有

$$E(y) = \hat{\beta}_0 + \hat{\beta}_0 \hat{\beta}_1 x_1 + \hat{\beta}_2 x_2 + \cdots \hat{\beta}_k x_k \tag{3}①$$

使用 SPSS 等统计分析软件时，通常情况下公式（1 - 3）就是我们最终得到的多元线性回归拟合曲线方程。

通过回归模型的建立，我们可以利用 SPSS 16.0 统计分析软件，对上述模型进行定量的回归分析得到各个变量的系数，最终确定回归方程。在多元线性回归的初始分析中，由于我们不清楚各个自变量对于回归模型的适合程度即各自变量的回归系数是否为 0，因此，在初始分析时，我们将各项指标均代入多元线性回归分析模型，其中自变量 P、BQ、T、EDV 全部进入回归模型且采用强制进入回归模型的方式，得到下列分析结果（见表 3 至表 5）。

三 研究结果

（一）结果展示

表 3 为人口迁移规模多元线性回归分析结果 1：方差分析表。其中各列数据项的含义依次为：因变量的变差来源、离差平方和、自由度、方差、

---

① 薛薇：《统计分析与 SPSS 的应用》（第四版），中国人民大学出版社，2014，第298 页。

回归方程显著性检验中 F 检验统计量的观测值和概率 p 值。可以看到：F 检验统计量的观测值为 45.904，对应的概率 p 值近似为 0。依据该表可进行回归方程的显著性检验。如果显著性水平 α 为 0.05，由于概率 p 值小于显著性水平 α，应拒绝回归方程显著性检验的原假设，认为解释变量各回归系数不同时为 0，被解释变量与解释变量全体的线性关系是显著的，因此可以建立线性模型。

表 3　方差分析

模型		平方和	df	均方	F	Sig.
	回归	8.532	4	2.133	45.904	0.000
1	残差	4.879	105	4646825.831		
	总计	1.341	109			

表 4 为渔民收入分析回归系数表。表中各类数据项（从第二列开始）的含义依次为：偏回归系数、偏回归系数的标准误差、标准化偏回归系数、回归系数显著性检验中 t 检验统计量的观测值、对应的概率 p 值。依据该表可以进行回归系数的显著性检验，确定回归方程和检测多重共线性。可以看到：如果显著性水平 α 为 0.05，除了税收 T 外，其他变量的回归系数显著性 t 检验的概率 p 值都小于显著性水平 α。也就是说，税收变量不应拒绝系数为 0 的原假设，t 检验结果认为此项解释变量的偏回归系数与 0 无显著差异，它与被解释变量的线性关系是不显著的，不应该保留在方程中。由于该模型中保留了一些不应该保留的变量，因此该模型目前是不可用的，应重新建模。

表 4　系数分析

模型		非标准化系数		标准系数	t	Sig.
		B	标准误差			
	（常量）	-214.606	950.956		-0.226	0.822
	P	530.356	68.146	0.617	7.783	0.000
1	BQ	0.001	0.000	0.257	3.832	0.000
	T	-6127.536	21331.211	-0.017	-0.287	0.774
	EDU	12870.256	2957.347	0.348	4.352	0.000

由于上述将自变量全部纳入回归方程的方法即 SPSS 回归分析中强制回归的方法存在较严重的问题，因此在接下来的模型修正过程中，笔者采用了 SPSS 中逐步回归（stepwise）的方法对自变量进行调整，并形成最终模型。采用逐步回归法得到的结果如表 6 和表 7 所示。

表 5 为模型综述分析表，SPSS16.0 软件的逐步回归法一共分为 5 步完成对变量的剔选过程，并最终建立模型。从表 5 可以看出，最终模型的修正拟合系数调整 R^2 为 0.734，大于第 1 个模型的修正拟合系数；而最终回归模型随机误差项的标准差为 2146.30035，显著小于最初的模型，这表明最终模型的估计误差有所减小，拟合效果相应地有所提高。

表 5 模型汇总

模型	R	R^2	调整 R^2	标准估计的误差
1	0.735	0.721	0.719	2390.70924
2	0.765	0.735	0.726	2279.85564
3	0.797	0.745	0.734	2146.30035

表 6 为逐步回归法输出的系数表，从该表可以了解逐步回归法选择自变量的过程。本次逐步回归一共分为 3 个，通过自变量逐步进入方程的方法，最终确定回归方程的自变量和对应系数。从表 7 可以看出，逐步进入回归法一共分为 3 个步骤对自变量进行了有效筛选。自变量 T 逐步进入回归分析到第 3 个步骤时，自变量的 t 检验量观测值达到了 - 0.287，对应的显著性水平 Sig. 达到了 0.774，没有通过参数的显著性检验，因此自变量 T 被排除出模型，其他 3 个自变量都通过了参数的显著性检验，因此形成了最终模型。在表 6 中我们还可以看出几个变量的 VIF 都小于 5，所以不存在多重共线性问题，说明变量之间不存在多重共线性，也即模型估计比较准确。

表 6 系数

模型		非标准化系数		标准系数	t	Sig.	共线性统计量	
		B	标准误差				容差	VIF
1	（常量）	3014.714	700.136		4.306	0.000		
	P	631.719	56.133	0.735	11.254	0.000	1.000	1.000

续表

模型		非标准化系数		标准系数	t	Sig.	共线性统计量	
		B	标准误差				容差	VIF
2	（常量）	2147.606	713.955		3.008	0.003		
	P	474.906	70.405	0.552	6.745	0.000	0.578	1.730
	EDU	10385.968	3028.878	0.281	3.429	0.001	0.578	1.730
3	（常量）	−276.384	922.301		−0.300	0.765		
	P	529.546	67.793	0.616	7.811	0.000	0.553	1.810
	EDU	12957.135	2929.082	0.350	4.424	0.000	0.548	1.825
	BQ	0.001	0.000	0.255	3.838	0.000	0.776	1.289

表 7　已排除的变量

模型		Beta In	t	Sig.	偏相关	共线性统计量
						容差
1	BQ	0.188	2.680	0.009	0.251	0.819
	T	−0.024	−0.361	0.719	−0.035	0.994
	EDU	0.281	3.429	0.001	0.315	0.578
1	BQ	0.255	3.838	0.000	0.349	0.776
	T	0.003	0.049	0.961	0.005	0.979
3	T	−0.017	−0.287	0.774	−0.028	0.971

综上所述，中国 2004～2013 年渔民收入影响因素最终的回归方程为：

$$Y = -276.4 + 529.5x_1 + 12957.1x_2 + 0.001x_3$$

其中 Y 为 2004～2013 年 11 个省份渔民的人均收入，x_1 为水产品价格，x_2 为渔民受教育水平，x_3 为海洋捕捞产量。

（二）结果讨论

通过对数据的分析，我们所得到的回归方程即是渔民收入和四个影响因素的定量关系方程，结果显示判定系数为 0.722，是比较高的。因此，认为该回归模型拟合优度较高，即因变量渔民收入 Y 可以被模型解释的部分较多，不能被解释的部分较少。我们可以根据回归方程来分析 2004～2013

年这四个影响因素对渔民收入的作用，并得到相关结论。首先，通过整个回归方程形成过程及自变量筛选过程我们可以看到渔业税收 T 没有通过检验，它被排除在回归方程之外，这说明中国沿海省份渔民收入这一变量与渔民缴纳的税款相关关系不显著，假设 3 是不正确的。此结论的意义在于它表明渔民的税负对渔民收入影响并不大。

其次，通过回归方程，我们可以看出对我国沿海省份渔民收入影响最大的是渔民的受教育水平，渔民收入与其受教育水平呈正相关，即渔民受教育程度越高其收入水平越高，假设 4 被证实，这与实际情况比较吻合，受教育水平的提高是收入增加的主要动力。同时，通过方程中自变量 x_2 的回归系数我们可以看出，这一系数的绝对值高达 12957.1，即表明渔民受教育程度每提高 1 个单位，则其收入 Y 会提高 12957.1 个单位。

对中国沿海省份渔民收入影响第二大的因素是水产品价格，假设 1 被证实，这说明水产品价格对于渔民收入的重要性。在回归方程中，自变量 x_1 的系数为 529.5，可见其对渔民收入的影响。同样的，海洋捕捞产量与渔民收入也呈正相关，假设 2 被证实。

四　对策

前面对于影响渔民收入的因素分析，我们从两个层面即可抗力与非可抗力，三个角度即市场、政府、渔民自身来进行。同样的，本文将结合研究结果从这三个层面提出渔民增收的对策和建议。

（一）以市场机制为切入点

赵珍等在对局部渔民进行的研究中，对河北省秦皇岛，江苏省姜堰、无锡、南通，浙江省宁波，福建省等沿海经济较发达的省份提出走渔业市场化道路可以提高渔民收入。[①] 这样可以对渔业产业结构进行调整，发展远洋渔业、水产加工业、休闲渔业或渔业服务业，提高产品价值和产业化水平，由生计渔业向商业渔业发展，同时采用先进渔业设备及现代渔业组织

---

① 赵珍：《商业渔业视角下提高渔民收入的思考》，《中国渔业经济》2010 年第 4 期。

形态（特别是龙头企业），扩展国际市场，走创新化的市场发展道路。对于水产品价格的保护，可以从以下几方面进行：首先应确立保护品种，根据我国渔业现状确定主要保护品种。其次是根据前几年的市场价格、当年的成本、市场供给和需求等因素确立最低保护价格。最后是建立必要的水产品储备制度，利用冷库调节市场供求，进而稳定价格。①

（二）以政府为切入点

政府在海洋捕捞方面应该努力实现捕捞作业结构、品种结构和渔场结构的调整，实施减船减人政策，提高贫困捕捞渔民的自救能力，积极发展远洋渔业，这样调整优化渔业结构，拓深渔业产业链条，实现水产品加工增值，争取更多的渔业就业机会，是提高渔民收入的现实选择。②

关于渔民的税费负担，相关部门应该制定合理的渔民海域使用金征收办法，并对其他涉及渔民负担的收费项目进行彻底清查，取消不合理的收费项目。同时，有关部门要规范执法行为，减少审批环节和避免重复收费。要解决执法经费不足的问题，杜绝以罚代管现象，尽早将渔业执法队伍纳入公务员行列，使各地渔业执法部门人员的工资待遇、执法装备等都达到同等水平。③

（三）以渔民自身为切入点

通过对结果的分析，我们发现渔民的受教育水平对渔民收入影响最大，因此提高渔民的人力资本是十分重要的，应该从以下几个方面进行。

第一，加强对渔业从业人员渔业新技术知识的普及和教育。第二，大力开展实用技术培训，在渔区设立渔民职业技术培训中心，举办各类培训班，对捕捞渔民进行养殖、加工、建筑、运输、烹饪、流通、经营等方面基本知识和技能的培训，拓宽渔业劳动者的视野，增强其技能。第三，要创造城乡一体化发展的制度环境，建立城乡一体化的渔业劳动力流动新体制，为渔民创造更多的就业机会。在加快渔业劳动力合理流动的过程中，

① 程慧荣：《中国渔民收入问题研究》，硕士学位论文，中国海洋大学，2005，第41页。
② 赵建华：《渔业生产与渔业生态环境的调查和分析》，《中国水产》2004年第2期。
③ 程慧荣：《中国渔民收入问题研究》，硕士学位论文，中国海洋大学，2005，第41页。

稳步推进转产、转业的渔民融入城镇，让更多从渔区转移出来的人口进入中等收入者行列。第四，扶持渔民自治合作组织。按照政府引导、渔民自愿的原则，建立渔民共同所有、共同管理、共同收益、共同抵御风险的自治合作组织，提高发展竞争力。[①]

（责任编辑：谢蕊芬）

---

① 同春芬、黄艺、张曦兮：《中国渔民收入结构的影响因素分析》，《中国人口科学》2013 年第 4 期。

中国海洋社会学研究

2016 年卷　总第 4 期

第 61~79 页

© SSAP，2016

渔村变迁过程中妇女的自我劳动
意识的形成[*]

——以舟山蚂蚁岛为例

于　洋[**]

摘　要：舟山群岛新区的发展，需要海洋文化作为支撑。海洋文化，包括从古至今的海洋社会的形成过程、渔业生产和发展的历史以及传承至今的丰富的渔村民俗文化。说到渔业，一般的印象是以男人为主的捕捞作业活动，而捕鱼以外的活动，基本都是妇女在操持。近年来，舟山群岛的渔村妇女大力开展水产品加工、养殖等创业活动，尤其以"渔家乐"为代表的休闲渔业成为舟山群岛的特色产业。本文以蚂蚁岛为例，对新中国成立后，特别是改革开放后的 30 多年，蚂蚁岛渔村社会的发展变迁过程进行梳理，并对蚂蚁岛渔村社会变迁过程中妇女自我意识的形成进行分析和探讨。

关键词：舟山　妇女　自我劳动意识

前言

舟山群岛新区[①]的发展，需要海洋文化作为重要支撑。海洋文化，包括

---

* 本文是浙江海洋学院 2014 年科研启动费资助项目"舟山群岛海岛民俗文化研究"（编号：21055011615）成果之一。

** 于洋（1982~），博士，浙江海洋大学中国海洋文化研究中心助理研究员，研究方向为海洋文化、海洋社会学。

① 2011 年 7 月 7 日，国务院正式批准设立浙江舟山群岛新区，这是继上海浦东新区、天津滨海新区、重庆两江新区之后，中国设立的又一个国家级新区，也是中国首个以 （转下页注）

从古至今的海洋社会的形成过程，渔业生产和发展的历史以及传承至今的丰富的渔村民俗文化。这些海洋文化成为舟山人的精神内涵，影响着舟山人的心理和意识，并逐渐形成舟山独有的人文景观。渔村是海洋社会的基础构成单位，而渔业生产作为渔村的主要谋生手段，一直以来处于非常重要的地位。说到渔业，一般的印象都是以男人为主的一种捕捞作业活动，而捕鱼以外的活动，比如渔网的修复、渔获物的买卖以及所有一切的渔民家务劳动基本都是妇女在操持，这些劳作都是确保渔民正常生活的必要条件。另外，渔村的生活不仅仅包括渔业，近年来，舟山群岛渔村的妇女们开展了很多创业活动。比如，水产品加工、养殖、贩卖，还有以休闲渔业为代表"渔家乐"也成为舟山群岛的特色产业。渔家经营过程中创造出的这些副业机会以及社会对渔村妇女劳动的经济评价，都使我们对渔村妇女在舟山群岛新区的振兴和发展中成为重要的推动者抱有很大期待。本文以蚂蚁岛为例，对新中国成立后，特别是改革开放后的 30 多年，蚂蚁岛渔村社会的发展变迁过程进行梳理，并从性别角度出发，对在蚂蚁岛渔村社会变迁中妇女发挥的作用进行分析和探讨。

（一）本文的研究目的和调查地的选定

中国一直以来都是一个传统的父系社会，因此，以往的研究基本都从男性的视点出发来探讨各种社会问题。然而近年来随着世界范围内妇女解放运动的开展，性别研究逐渐成为一个独立的学科范畴。从性别研究视角对各种社会问题进行再探讨和再分析正成为一种新的潮流。本研究即想从性别角度出发，就新中国成立后，特别是改革开放后的 30 多年，浙江省舟山群岛的渔村现状，尤其就渔村妇女的劳动参与变化情况，来探讨她们在家里或者村里的地位是如何变化的，她们是带着怎样的意识来参与劳动的，她们的自我劳动意识又有哪些转变。

（接上页注①）发展海洋经济为主题的国家战略层面新区。舟山群岛新区包括舟山市现行行政区域。根据国务院批复精神，舟山群岛新区的功能定位是浙江海洋经济发展的先导区、海洋综合开发试验区、长江三角洲地区经济发展的重要增长极。基于这一功能定位设立的舟山群岛新区的发展目标是，逐步建成中国大宗商品储运中转加工交易中心、东部地区重要的海上开放门户、海洋海岛综合保护开发示范区、重要的现代海洋产业基地、陆海统筹发展先行区。新华网，http://news.xinhuanet.com/politics/，2011 年 7 月 7 日。

2005 年至今，笔者曾多次到舟山群岛的蚂蚁岛以及蚂蚁岛附近世界闻名的佛教观音道场普陀山进行田野调查。蚂蚁岛因 1958 年 9 月 26 日建立了中国第一个渔业人民公社而闻名全国，蚂蚁岛的发展过程也成为中国渔业发展历史的缩影。另外，蚂蚁岛渔村妇女参加劳动的历史也是全国闻名的，有多名妇女受到周总理的接见，并被授予全国劳动模范，因此选择蚂蚁岛为调查地，将对舟山群岛渔村妇女的现状问题进行探讨更具代表性。

（二）问题所在

关于海洋社会的概念，杨国桢认为"海洋社会，指在直接或间接的各种海洋活动中，人与海洋之间、人与人之间形成的各种关系的组合，包括海洋社会群体、海洋区域社会、海洋国家等不同层次的社会组织及其结构系统"。[1] 庞玉珍则表示，"海洋社会是人类缘于海洋、依托海洋而形成的特殊群体，这一群体以其独特的涉海行为、生活方式形成了一个具有特殊结构的地域共同体"。[2] 张开城认为，"海洋社会是人类社会的重要组成部分，是基于海洋、海岸带、岛礁形成的区域性人群共同体。海洋社会是一个复杂的系统，其中包括人海关系与人海互动、涉海生产与生活实践中的人际关系和人际互动，以这种关系和互动为基础形成了包括经济结构、政治结构和思想文化结构在内的有机整体"。[3]

本文梳理调查地蚂蚁岛渔村社会的变迁过程，并对渔村产业结构、渔民家族生活、渔民信仰方面发生的变化，尤其是妇女在这个过程中发挥的作用进行深入探讨。

一 调查地——蚂蚁岛的概况[4]

（一）蚂蚁岛的地理、人口、生业

蚂蚁岛隶属舟山市普陀区，位于舟山群岛东南部，北纬 29°52′34″，东经

① 杨国桢：《论海洋人文社会科学的概念磨合》，《厦门大学学报》2000 年第 1 期。
② 庞玉珍：《海洋社会学：海洋问题的社会学阐释》，《中国海洋大学学报》（社会科学版）2004 年第 8 期，第 133~136 页。
③ 张开城：《海洋社会学研究亟待加强》，《经济研究导刊》2011 年第 4 期，第 219~220 页。
④ 舟山市地方志编纂委员会：《舟山志》，浙江人民出版社，1992。

122°15′32″，因形状似蚂蚁而得名（见图 1）。蚂蚁岛以岛建乡，北距沈家门 8.5 千米，南隔清滋门水道与桃花岛相距 1.7 千米，西离宁波 73 千米，东距登布岛 1.1 千米，最高点大平岗海拔 157.3 米，海岸线长 7.82 千米（见图 2）。

图1　蚂蚁岛地理位置（由蚂蚁岛
　　　乡政府提供）

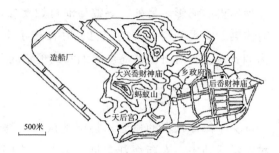

图2　蚂蚁岛整体图
　　　（笔者制图）

蚂蚁岛面积在民国十三年（1924）时为 2.15 平方千米，2006 年笔者初次调查时面积为 2.64 平方千米（见图 3），现在因为造船厂的建立，填海 0.36 平方千米，达 3 平方千米，可以说蚂蚁岛是"半岛船乡，半岛人居"（见图 4）。蚂蚁岛全域包括大蚂蚁岛、小蚂蚁岛、点灯山和老鼠山，有人居住的只有大蚂蚁岛，行政区划下辖一个社区和一个村、5 个经济合作社（长沙塘、穿山岙、后岙、大兴岙、兰田岙）。蚂蚁岛的户籍人口都是汉族，1959 年 586 户，人口 2849 人。1999 年经济快速发展，人口有了很大幅度的增加，达到 1236 户，4573 人，之后随着外出打工人数不断增加，人口也逐渐减少。据蚂蚁岛乡政府工作报告，2003 年为 1155 户，4070 人，到了 2010 年为 1143 户，3969 人（见表 1、表 2）。表 1 是依据户籍人口制成的，从中可见当地人口从 2003 年的 4070 人发展到现在的 1 万余人（其中 6000 多名外来务工人员主要来自河南、安徽和四川）。

图3　2007 年以前的蚂蚁岛（google 地图）

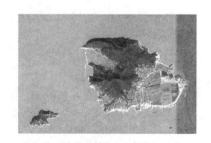

图4　现在的蚂蚁岛（google 地图）

表 1　蚂蚁岛人口

年份	户数（户）	人口数（人）
1953	503	2281
1959	586	2849
1964	649	3243
1982	1200	4519
1987	1443	4766
1990	1525	4743
1996	1247	4619
1999	1236	4573
2000	1203	4485
2003	1155	4070（外来人口 143）
2006	1169	4116
2008	1170	3987
2010※	1143	3969（男 1904、女 2065）

资料来源：笔者根据蚂蚁岛乡政府报告制表。

表 2　各经济合作社人口

经济合作社	年（份）	户数（户）	人口（人）
长沙塘	1986		
	1999		
	2008	440	1356
大兴岙	1986	166	605
	1999	148	549
	2008	136	447
兰田岙	1986	193	605
	1999		
	2008	135	464
穿山岙	1986	190	668
	1999	188	685
	2008	171	598

续表

经济合作社	年份	户数（户）	人口（人）
后岙	1986		
	1999	287	1074
	2008	272	923

※2010 年打工人口约 6500 人。

资料来源：笔者根据蚂蚁岛乡政府报告制表。

2008 年，舟山地区开始实行"网格化管理、组团式服务"。蚂蚁岛以 5 个经济合作社为基础，将 1128 户渔民分成 10 个网格小组，各组和经济合作社的关系如下所示：

第 1 小组 = 长沙塘第 2 小组 = 长沙塘；

第 3 小组 = 长沙塘第 4 小组 = 长沙塘；

第 5 小组 = 穿山岙第 6 小组 = 穿山岙；

第 7 小组 = 后岙第 8 小组 = 后岙；

第 9 小组 = 大兴岙第 10 小组 = 兰田岙。

网格小组通过网格管理方法对全岛的村民进行管理，设置了组长、副组长、信息员、联络员、警察、医生和组员。具体来讲，每户村民的家门口都会张贴一块联络卡，上面附有其所属网格的组长、医生、警察的联系电话。村民有任何事情都可以直接拨打这些电话。另外，2007 年造船厂进驻蚂蚁岛以后，外来人口快速增长，对蚂蚁岛的社会管理、治安秩序、环境卫生等都带来了很大影响，因此当地乡政府针对这一问题将网格化管理进行完善，成立外包企业专属网格，由分管工业的副乡长担任组长，乡招商引资办主任、造船厂相关领导和警务区警长担任副组长，以各外包企业为单位，每一外包企业为一个网格小组，外包企业的负责人为网格小组组长，每个网格另设置一名网格联络员、网格治安员和网格安全员，明确各人员的职责，这种做法有效增进了当地政府、企业（外包企业）、流动人口间的联系。

蚂蚁岛的渔业年历表如表 3 所示。

1982 年人民公社解体前，蚂蚁岛的产业以渔业为主。改革开放以后，蚂蚁岛以建设生态岛为目标，将一切农业作业全部终止，只发展渔业和工业。1987年末，全岛拥有174艘渔船，计3892吨、4718马力，水产品年产量15239吨，占舟山市水产品总生产量的3%。2005年渔船179艘，功率20297千万，渔业劳动力1000余人，生产作业主要有蟹笼、拖网、近洋涨网。养殖业和灯围作业也是蚂蚁岛的传统作业方式，这是靠灯光吸引鱼群聚集进而围捕的作业方式。到2005年底，该岛从事虾皮加工业的渔民达60多户。

表3　蚂蚁岛渔业年历

渔获物/月份	1	2	3	4	5	6	7	8	9	10	11	12
大黄鱼	━━━━━━━━━━━ ┄┄┄┄											
鲳鱼	━━━━━━━━━ ┄┄┄┄											
鲶鱼	━━━━━━━━━━━											
虾	━━━━━━━━ ┄┄┄┄┄┄┄┄┄┄┄┄┄┄┄											
蟹	━━━━━━ ┄┄┄┄┄┄┄┄┄											
青鱼							━━━━━━ ┄┄┄					
带鱼											━━━━ ┄┄	

注：实线表示该段时间主要捕捞鱼的种类，虚线表示该品种根据当年渔汛情况的不稳定收获时间。

（二）文献中的蚂蚁岛历史

1. 新中国成立前的蚂蚁岛

290年前，蚂蚁岛还是个无人岛，某天，镇海的一个周姓渔民在捕鱼途中遇到暴风雨，在蚂蚁岛避难，发现这里鱼特别多，索性接来家小在此定居。后来镇海的渔民闻讯而来，接二连三地搬到这里。因该岛像蚂蚁一样，因此后人就叫作"蚂蚁岛"。还有另外一个关于名字的由来，清康熙《定海县志》记载蚂蚁岛被称作"蚂蚁山"，民国十三年改称大蚂蚁山。蚂蚁岛在新中国成立前是登步岛的一部分，1950年5月解放，同年10月设立乡，因岛名为蚂蚁岛，故被称为蚂蚁岛乡，隶属定海。1958年9月成立了全国第一个渔业人民公社。蚂蚁岛的具体行政区划历史如表4所示。

表4　蚂蚁岛行政区划沿革

单位：个

年份	社区数	社区名称	行政村数	行政村名称	经济合作社数	经济合作社名称
1952	—	—	5	9、10、11、12村	—	—
2000	1	—	5	长沙塘、穿山岙、后岙、大兴岙、兰田岙	—	—
2006	1	蚂蚁岛社区	3	长沙塘、后岙、新纪	—	—
2012	1	蚂蚁岛社区	1	蚂蚁岛村委会	5	长沙塘、穿山岙、后岙、大兴岙、兰田岙

资料来源：笔者根据蚂蚁岛政府报告制表。

新中国成立前，蚂蚁岛的渔民和中国其他沿岸渔民一样过着极度贫苦的生活。失业渔民占蚂蚁岛渔业劳动力整体的1/4。当时有18户渔民以乞讨为生。1949年5月26日蚂蚁岛遭遇大灾难，国民党军队从上海撤退到舟山，其中一支军队在蚂蚁岛驻守了近一年，他们掠夺了蚂蚁岛的生产资料，渔民的粮食、家禽、家畜也都被抢掠一空。具体损失渔船76艘、渔网61张，建造渔船的木材890根，包括山林里的木材1629根。1950年5月14日，当时占蚂蚁岛总渔业劳动力20%的渔民（62人）被国民党抓到台湾地区去做壮丁。

2. 从新中国成立后到人民公社时期

新中国成立初期，蚂蚁岛满目疮痍，只剩下老人和妇女。当时全岛的渔业生产队只剩下40只荒废的船，近300人失业。之后，驻守在桃花岛的人民解放军为了救济饥饿的渔民，给他们送去了大米。另外定海县人民政府、渔盐民作业委员会和中国人民银行，向蚂蚁岛派遣干部，并为其贷款8000元，蚂蚁岛渔民重新开始渔业生产。因此，在新中国成立后的第一个秋汛渔期，蚂蚁岛出海渔船12艘，近100人参与到捕鱼作业中，年末增加到20艘。

1951年2月定海县渔民委员会在蚂蚁岛组织成立了渔民协会，约有300名渔民登录成为会员，之后，渔民协会向银行融资贷款组织春季渔期生产，出海捕鱼的渔船增加到35艘。

3. 土地改革时期

1951 年 10 月六横区派来的干部在蚂蚁岛成立了土地改革委员会，同一般农区政策一样，这些干部也在蚂蚁岛划分阶级成分，并被分配相应的土地。具体如表 5 所示。

表 5　1951 年土地改革时期蚂蚁岛的阶级界定

阶级	户数	没收的土地亩数	分配
地主	9	—	—
工商业资本家	3	—	—
渔业资本家	14	—	—
贫雇农	81	—	农民分配 211.97 亩
中农	8	—	
渔工	109	—	渔民、渔工 301 户合计分配 149.5 亩
渔民	192	—	
手工业、小商贩	101	—	—
合计	517	土地 361.74 亩全部被没收	—

资料来源：据蚂蚁岛乡政府报告制表。

全岛按阶级构成分为地主 9 户、工商业资本家 3 户、渔业资本家 14 户、贫农 81 户、中农 8 户、渔工 109 户、手工业和小商贩 101 户。当时在渔区，对于阶级规定没有统一标准，一方面很多比较富裕的一般渔民被列为地主或资本家，打击范围扩大了；另一方面，新中国成立前三年，在山中种作物的渔民、少数手工业者和渔民被定为渔民，而封建的渔行主被定为工商业资本家、渔业资本家，却没有受到打击。这些问题都在 1953 年的渔业民主改革中被解决了。土地改革结束后的 1952 年 2 月 14 日，蚂蚁岛人民代表大会设立蚂蚁岛乡人民政府，大会决议成立渔业生产互助组。

4. 蚂蚁岛渔业民主改革（以下简称渔改）

1953 年 4 月 25 日，在蚂蚁岛试点渔改，方针政策是：依靠渔工及贫苦渔民，团结一般渔民（包括渔业资本家在内）和渔区全体人民（主要是农民），消灭反革命分子，发展渔业生产，巩固国防。

渔村村民被划分为渔工、贫苦渔民、一般渔民、渔业资本家和渔行主五个阶级。标准是：

（1）渔工：自己没有生产工具，完全或主要依靠出卖劳动力为生。他们所受的压迫与剥削最深重，是渔船中的无产阶级。

（2）贫苦渔民：只占有少量的和不完全的生产工具（一般是有渔网无船），依靠自身生产还不能维持生活，需租一部分工具，有时还需要出卖一部分劳动力。贫苦渔民相当于农村中的贫农，是渔村中的半无产阶级。

（3）一般渔民，占有较多的生产工具，掌握主要的生产技术，自己参加主要劳动，其中有的是小型生产的独立劳动者，也有的是掌握主要生产技术的劳动者，船网较大，雇工较多，并有一部分人剥削劳动人民。

（4）渔业资本家：占有大量渔具和资金，不参加主要劳动，依靠雇工或出租渔具收入。

（5）渔行主：渔行栈的老板，他们不仅在经济上垄断，残酷剥削渔民，有的人甚至在政治上霸占一方，这些在政治上霸占一方的人物，被称为渔霸。

对渔业资本家的政策，总体上是团结其参加渔改斗争（因为他们也受到渔行主的剥削与压迫）与发展生产，但他们不能参加渔协会。

当时，全乡有四个行政村，503 户，2281 人；①划定为渔业资本家的有 3 户。土改时曾划为 14 户，其中 11 户按新的标准被调整为一般渔民成分。②新中国成立前夕曾有渔行 21 家，其中 3 家是依仗反动政治势力掌握全岛政治权力的当权派，被称为蚂蚁岛上的"三道衙门"。新中国成立初期，有 5 家渔行主迁居外地，到渔改时尚有 16 户。为区别对待，把 16 户渔行主按标准分为 3 种：渔霸 1 户，渔行主 4 户，小渔行主 11 户。③地主 5 户。土改时曾划为 9 户，其中 4 户主要是依靠渔业劳动收入、占有部分土地并出租的比较富裕的渔民，被调整为一般渔民成分。以上 3 个阶级共 24 户，其人口占全乡人口的 4.5%。这样，整个蚂蚁岛有渔霸、渔行主、地主共 10 户，还不到总户数的 2%，打击面缩小了，团结了绝大多数。

渔民阶级：渔工和贫苦渔民为 212 户，963 人，一般渔民 108 户，669 人，合计 320 户，其人口占全乡人口的 72%。

其他阶层为农民、手工业、小商贩、自由职业、贫民等共 151 户，其人口占全乡人口的 23.5%，这部分劳动者阶层在渔改以后，大都转向渔业，成为专业渔民或为渔业服务的"后勤人员"，同渔民一起走上互助合作道路。

渔改中没收渔行主和渔霸的财产，计土地 10.67 亩，房屋 24.5 间，渔船 5 艘，大小渔网 74 顶，加工桶口 30 只。渔业生产资料和大部分房屋被分配给 79 户渔工和 7 户贫苦渔民，土地及少数房屋被分配给 2 户农民。

5. 互助合作社

1953 年 7 月 22 日，在地委工作队的帮助下，由九村刘岳明大互助组转社的舟山渔区第一个渔业生产合作社——"蚂蚁乡长沙塘渔业生产合作社"成立。首批报名入社的仅限于该组原 63 户渔民（两个月后扩大到全村 100 多户）。社员大会选举陈再如（九村村长）为第一任社长，并讨论通过了合作社章程。1954 年 1 月 8 日，中共中央公布了关于农业生产合作社的决议，提出要加快合作化的步伐，4 个小社合并成一个大社的工作就在这样的历史背景下开始了。

1954 年 2 月 1 日，蚂蚁乡渔业生产合作社正式宣布成立。除原来 4 个小社的社员外，新报名的有 98 人，其中包括非渔民阶层的劳动者，经审查批准在大社成立时的第一批新社员有 28 人。大社社员总户数达到 370 户，男女社员 868 人。1954 年 3 月 22 日，蚂蚁乡农业生产合作社成立，入社农民 28 户，土地 156 亩，不久归并渔业社。6 月 1 日，蚂蚁岛渔民供销合作社归并渔业社，撤销供销社理监事会，供销社改为渔业社的"供销部"。另外，蚂蚁岛还有为渔业生产、渔民生活服务的手工业者共 36 户，他们不愿另立组织，迫切要求加入渔业社，因此也被陆续吸收入社。至此，蚂蚁岛实现了渔、农、手工业、供销、信用的"五社合一"，其名称仍为"蚂蚁乡渔业生产合作社"。

6. 人民公社时期

1958 年 8 月 24 日，中共蚂蚁乡总支向普陀县委提出关于要求成立人民公社的报告。10 月 1 日，召开全岛社员大会，政社合一的人民公社宣告成立。蚂蚁岛人民公社成立之初的基本情况是：全岛 586 户，2758 人，全部参加公社，其中国家干部 10 名；男女劳力 1101 人，劳力分工是：渔业 708 人（均为男整劳力），工业手工业 72 人，农业（以女性为主）262 人，畜牧业 14 人，运输业 13 人，商业（供销）11 人，副业 13 人，渔业后勤 8 人；主要生产资料有渔船 130 艘，其中机帆船 10 艘；农业旱地 738 亩；还有医疗站、理发、缝纫等十几个服务单位；全社有共产党员 39 人，公社党委以下设支部 5 个，共青团员 117 人，公社团委以下设支部 5 个；民兵 596 人。

7. "文化大革命"期间的蚂蚁岛公社

1968 年 4 月中旬，普陀军管会批准成立"蚂蚁岛公社革命委员会"。1969 年 4 月 1 日，对革委会持反对态度的一派群众中，有 126 名渔民驾驶三对机帆船离开蚂蚁岛，群众分裂成两派。各项管理制度都被否定，三包一奖责任制被批判。渔业生产遭到破坏，常年出海的机帆船从 1967 年的 17 对降到 1970 年的 10 对，水产品连续大幅度减产。1971 年 6 月 12 日，经普陀县军管会批准，成立中共蚂蚁岛公社核心小组，原公社党委书记被任命为核心小组负责人，党组织恢复活动。外出的一派群众返回，公社开展批林整风，"一打三反"，要外出的一派赔偿公社经济损失，渔业生产渐渐恢复。

8. 改革开放后的蚂蚁岛

1983 年 3 月下旬，各渔业大队首次获得自主选择生产责任制形式的权利。根据因地制宜、尊重大多数群众意愿的原则，落实 1983 年度渔业生产责任制：长沙塘、兰田岙、穿山岙三个队实行作业单位大包干，即包产到船（对船或单船），向大队包干上交折旧费、修理费、积累费、管理费等"四费"，余下归承包单位自主分配。大兴岙和后岙两个队实行按比例分成责任制，即对各承包单位除去成本的净值部分进行三七分成，三成上交大队作为积累和后勤服务人员工资，七成由承包单位自主分配。1984 年 3 月，各村渔业合作社调整联产承包制形式：穿山岙、大兴岙两社转变为以船核算，即将渔船等捕捞工具折价归作业单位所有，只向社上交管理费等公共负担费用。另外三个社均实行大包干责任制。从这以后，直到 1987 年末，各社的责任制形式和经营体制稳定下来。

公社体制改革以后，蚂蚁岛乡党委、乡政府摆脱掉许多烦琐的日常事务，有条件集中精力来重新规划和决策全岛经济发展问题。

1987 年 3 月 11 日，蚂蚁岛海洋渔业公司正式成立，公司下辖捕捞船队和冷冻厂两个二级核算企业，共有职工 340 名，占全乡总劳力的 11.87%，其中男性 280 名，女工 60 名，捕捞船队 130 人，在原捕捞队 2 对大机帆船的基础上，又在舟山市政府的支持下，新建 250 马力铁壳渔轮 2 对，开始走开发外海资源的新途。1987 年年末，渔业公司已拥有固定资产 800 万元，渔业公司的建立，标志着蚂蚁岛渔业合作经济向企业化、开放型的方向发展。与此同时，各村渔业合作社也注入了新的活力。乡镇企业再次突破公社体制时的自我服务圈，之后有了长足的进步，在社会总产值中的比重也有较大提高。全岛劳动力的就业状况同 1978 年相比，发生了结构性的变化：全社男女劳力 2865 人，渔业（第一产业）1216 人，占总劳力的比重为42.4%；工业（第二产业）1108 人，占 37.7%；建筑、交运、商业服务、教育卫生及其他行业（第三产业）620 人，占 21.6%。全岛渔（农）工业总产值（现行价）达到 1810 万元，比 1978 年增长 3.8 倍，比 1982 年增长4 倍，人均收入达到 1608 元，户均 5338 元。

二 渔村妇女的劳动和自我意识的形成

日本学者鹤理惠子的研究中提到"手间（テマ）"一词，其意思是指"单纯的劳力"。鹤理惠子认为"农渔村社会中残留根深蒂固的男尊女卑思想，在小规模的家族经营中，妻子作为无收入（或接近无收入）的劳动力，一个人辛苦地承担了家中的农活、家务、照顾孩子等任务，因为劳动繁重，与男人相比几乎很少有娱乐和享受的时间……（省略）……她们只是听命于公婆的指示行动（不是劳动而是行动），承担婆家的农活、农活以外的劳作（比如土木建设、卖菜或卖花、在早市卖货或参加鱼贝类的加工等劳动）、全部家务，只有提供劳力却没有发表自己意见的存在感。她们被剥夺了劳动的主体性，'只不过是像牛马一样被使唤'的记忆"[①]。

（一）被视为"牛马"的渔村妇女

新中国成立前，渔村妇女有不能上船的传统禁忌，妇女完全不能参加渔业生产作业，那时，男人出海捕鱼期间家里的一切家务都由女性承担。其实不止家务，她们也从事一些辅助的劳动，比如洗网、补网等。另外，男人在远洋捕鱼的几个月里，渔村的农业生产活动都是妇女从事的，因此，她们的劳动量是非常大的，然而妇女的劳动很少能转化为"看得见"的家庭收入。当时的家庭结构一般都是几代同堂，家族成员三代、四代一起生活的情况很普遍，因此家务劳动相当繁重。加之传统的男尊女卑思想严重，家族成员又要按辈分和性别决定家庭地位，家庭里的经济大权都由"家长"

---

① 〔日〕鹤理惠子：《从"手间"到"劳动主体"》，《日本民俗学》2003 年总第 233 期。

持有，每个人的收入都要悉数交给"家长"，由家长统一分配。特别是渔家中"看得见"的收入都是由男人提供的，因此妇女在家中的地位长期低下，她们的劳动也几乎被忽视，正和鹤理惠子所说的"手间"如出一辙。

（二）从"牛马"到"劳动主体"

1. 脱离家务劳动

人民公社成立后，渔业、农业、林业、副业、牧业全面发展，渔业生产因为劳动力不足，妇女们开始提倡发挥自己的"半边天"作用。生活在旧社会最底层的人们，很高兴能为自己的生活而劳动。妇女们于是也走出家门，和男人一起参加到公社的劳动。当时，妇女的劳动按"工分"计酬，妇女也为家庭收入做出了"看得见"的贡献。然而，当时蚂蚁岛妇女们的劳动非常辛苦，不但要从事以前的一切家务、农活和渔业辅助劳动，甚至生产资料的搬运也是妇女们在做。

2. 主体意识的萌芽

渔家妇女在参加人民公社劳动的同时，也开始学习文化知识。另外在为家庭收入做出贡献的同时，妇女们也开始参加一些公社的社团活动，因此，她们渐渐开始管理家庭的经济收入，对自我劳动意识也有了改变。

例如，人民公社时期的妇女主任 LYZ，对当时的情景仍记忆犹新。人民公社时期，蚂蚁岛为了发展经济，提出节约资金的号召，男社员提出"男捕千担鱼，不分红，建造机帆船"后，妇女也不落后，马上提出"女种万斤薯，养活儿子园"。之后，为了节约资金，18 名妇女成立了"勤俭持家小组"，且提出"日积一分，月积三元，三年不分红，老婆养老公"的口号，至 1956 年，已经成立 24 个 10 人一组的"勤俭持家小组"。结果，妇女们节约了 6 万元钱，建造了"妇女号"机帆船，另外妇女还搓草绳、卖火冲，利用资金建造了"草绳船"和"火冲船"。

还有一位 1928 年出生的渔家女 WYX，曾担任过"妇女号"机帆船的船老大，她也参加了当时"三八海塘"的修建工作。她说："当时，我们没有一句怨言，大家都想着有了海塘，就可以在海塘里种农作物了。"当时，渔村发展远洋生产，男劳动力不足，因此有 10 名妇女和男人一起参加了远洋生产作业。以前妇女是不能上船出海的，WYX 不但参加了乘船出海捕捞的作业，而且成为"妇女号"的船老大，管理所有船员。"女人上船船要翻"

的迷信被破除的同时，妇女们也增加了自己决定自己命运的自信，逐渐开始萌发了争取和男人拥有平等权利的意识。

（三）现代渔村妇女的劳动参与和自我劳动意识的变化

1. 渔村产业变化和妇女劳动

20 世纪 80 年代世界进入重大的历史转型期，可以说是进入了社会、经济、广泛的文化范式大发展时代。此时的中国，开始在全国范围内实施改革开放政策，积极引入市场经济和竞争原理，进入了高度经济发展阶段。改革初期，农村的家庭联产承包责任制开始普及。1982 年，随着乡镇企业的设立，沿用至今的股份合作制走入蚂蚁岛的历史舞台。人民公社时期，是不可能在公社以外参加劳动的，改革后，渔民经营都采用承包责任制，渔民开始运营自己的家族企业，外出打工人员也开始增加。渔村传统的家庭模式随之发生了显著变化，夫妻双方外出打工和夫妻一方外出打工、一方留守在家等新的渔村家庭模式逐渐增多。同时随着产业转型，女性劳动力也起到了很大作用。

如表 6 所示，2003 年蚂蚁岛人口为 4070 人，劳动力为 2325 人，其中女性劳动力 955 人，占劳动力人口的 41.1%。外出人口 1218 人（85% 是男性劳动力），占全部劳动力人口的 52.4%。从这个数据可以看出，18 ~ 50 岁的劳动力外出打工的时候，留在家里的几乎都是老人、儿童和妇女，因此妇女自然成为当地主要的劳动力。但近年来，蚂蚁岛制定了建设"绿色生态岛"的目标，停止了农业耕种，加之渔业资源衰退，捕鱼收入不稳定，蚂蚁岛的产业重点也逐渐发生了变化，从海产品加工、养殖业到工业都有所发展，同时观光旅游业也迎来了快速发展的契机，并因此应运而生了"渔家乐"项目。

表 6　蚂蚁岛的劳动力构成

	户数（户）	户均（人）	全乡（人）	占全乡比重（%）
人口	1155	3.5	4070	100
劳动力		2.0	2325	57.1
男劳动力		1.0	1370	58.9
女劳动力		1.0	955	41.1
外出打工人数		1.0	1218	52.4

20 世纪 90 年代初期，中国政府借鉴了美国和西欧观光农业的经验，加之各地政府都提倡市民"走进农村、农民家，贴近自然"，因此在全国范围内兴起了体验农民生活的"农家乐"热潮。受"农家乐"经营模式的启发，各地的渔村也依据自身环境，创建了"渔家乐"项目。

所谓"渔家乐"是让观光客体验渔民生活、感受渔村生活气氛的项目。蚂蚁岛的"渔家乐"主要依据渔民自家的客栈来运营。具体内容是，游客到达蚂蚁岛后，由政府统一分配 4～6 人由一户渔嫂带回家，第二天，乘坐渔民家的渔船和船主一起出海捕鱼，捕到的鱼、虾在客栈用当地的做法烹煮品尝，也就是体验一天渔民的生活。另外，蚂蚁岛人民公社时期的历史照片和物品都在蚂蚁岛创业纪念室里陈列。蚂蚁岛当年的人民公社旧址成为蚂蚁岛观光的景点，游客在这里既可以体验渔民的生活，缅怀当年蚂蚁岛人奋斗的辉煌历史，还可以到距蚂蚁岛不远的佛教观音道场普陀山烧香拜佛。因此，"渔家乐"休闲渔业项目盛极一时，在乡政府的引导和政策支持下，至 2005 年蚂蚁岛的"渔家乐"休闲客栈已有 24 家，招待了各方游客 10 万余人，创收 4000 多万元。"渔家乐"主要以家庭经营为主，一般的模式是男人出海捕鱼，女人在家经营"渔家乐"。来此地体验"渔家乐"的游客大多来自上海、杭州、宁波等大城市。经营了 8 年多"渔家乐"的小李说："经营初期，'渔家乐'的各种设施并不完备，顾客会抱怨不方便、卫生条件不好等，我们也是尽可能地逐渐改善我们的服务。"近年来，因为渔业资源的衰退，一部分经营者完全停止捕捞作业，将家庭的全部生活重心都放在"渔家乐"的经营上来。家庭收入的来源从渔业生产转到"渔家乐"后，妇女也从以前家庭的"纯劳力"转变为现在家庭的主要劳动力。从前，渔家的家务全由妇女承担，近年来，男人停止了外出捕鱼，如果妇女赶上经营忙的时候，男人也开始承担部分的家务劳动。并且，家庭的结构逐渐由过去的几代同堂变为现在的核心家庭，渔家的妇女们和公婆们分开，单独和丈夫生活的情况也非常普遍。从以上的变化中可以看出，渔家妇女已经开始形成自我劳动的意识。

近年来，随着周边乡镇渔民陆续效仿蚂蚁岛经营"渔家乐"，来此体验的游客数量减少，因此比起之前的鼎盛时期，现在的"渔家乐"有些衰退的趋势。2007 年造船厂开业后，蚂蚁岛一部分妇女纷纷去到船厂里务工。蚂蚁岛乡政府大力支持造船业的发展，相应弱化了对"渔家乐"项目的推动。

2. 渔村妇女的自我劳动意识

新中国成立前，渔村妇女被当成"牛马"的无收入状态已经没有了，从新中国成立后到 20 世纪 80 年代这段时间里，蚂蚁岛除渔业外还有农业耕作，渔村妇女们自己的自由时间虽然很少，但当时的渔业受天气影响很大，因此在雨天和农闲期间，妇女们偶尔也会有一点空余的时间。在这些时间里，妇女们都做些什么呢？采访的 60 岁以上的妇女们回忆，人民公社时期，大家一边忙着完成公社里的任务，一边照顾家里老小的衣食起居，还会在业余时间参加一些"学习班"和"生产小组"。"特别是当时能参加人民公社里妇联组织的各种活动，大家都非常高兴，平时都在忙家里的各种农活呀、补网织网啊什么的，能抽空参加到社里的妇女活动中去，感觉心情格外好。""参加学习班能让自己学到点东西，长了本事能在人民公社里发挥更大的作用，还能让自己的日子越过越好，这比什么都好啊。"有诸如此类感受的妇女很多。当时因为和公婆一起生活的家庭还很普遍，因此家庭的一切收入都是交给公婆来统一分配管理的，当时的妇女对于自己作为劳动主体的意识还是很薄弱的。

从 80 年代到 1995 年左右的时候，蚂蚁岛设定了建立"绿色生态岛"的目标，停止了一切农业耕作，人民公社的解体和股份合作制的出现，让妇女们有了更多的自由时间。这期间，渔民家里男人一个人出海捕鱼，基本就满足了家里的一切支出，妇女除了一些渔业杂活和家务以外基本没有其他的工作。事实上，此时的渔民家生活要比周边的农民家富裕，渔民家的媳妇生活也相对悠闲一些，因此，很多周边农村家的女儿嫁到渔村的变得多起来。另外，这个时期，渔村社会整体都在改革中，渔村家庭也从之前的几代同堂模式转型为以核心家庭为主的小家庭，以前由公婆等家长们统管家庭一切劳动和生活的模式逐渐消失，妇女们开始逐渐成为渔民家的经济掌管者，她们依据自己的想法和节奏处理家中的各种事务，开始登上了独立的个人人生舞台。

然而，近年渔业资源衰退还是对渔民的生活有非常大的影响的，特别是实行休渔制度以来，一到休渔期，渔民家就会一连几个月处于休息状态，虽然日子变得闲散了，但是生活压力却大了起来。① 也正是在这个阶段，渔

---

① 于洋：《渔村社会交往与渔村社会转型的关系研究》，《中国渔业经济研究》2007 年 2 期。

村的妇女们萌发了创业的念头，其中休闲渔业中"渔家乐"项目和水产品养殖业的兴起使得妇女从支撑家庭经济中的配角变成了主角。相应地，渔民家的纯家庭主妇不断减少，现在的"渔嫂"们几乎都是有"工作"的，因此，她们又变得繁忙起来，一人承担主妇、母亲、劳动者等多重任务。虽然自由时间变少了，但是劳动主体意识变得强烈起来，实现了自身价值的同时为家里做出更多贡献，因此满足感也增强了。"渔嫂"们在家庭中的作用日益变大，也从以往"牛马"角色进一步变成了真正的劳动和生活中的主角。

结论

今天，在舟山群岛新区经济发展的背景下，渔村的"渔嫂"们在很多方面都展现了新的面貌，她们表现出的思想和行为虽然很多时候是无意识的，却因有着导向性意义而影响着周围相对落后的妇女们。在新渔村建设的过程中，因主要男性劳动力的相对缺位，"渔嫂"们被推向了渔村建设发展的前沿，从主内转变到既主内又主外，从单纯的家庭角色转换到家庭角色和社会角色并重。在蚂蚁岛的休闲渔业经营中，一方面妇女们对于推进渔村经济增长起到了不可忽视的作用，成为主要劳动力。这种情况在舟山的渔村中是比较普遍的。另一方面，渔民们仍然存有传统的性别角色分工的旧意识，例如，家务劳动和照顾小孩等仍是妇女的主要任务，同时她们还要经营自家的休闲渔业或者到船厂等去打工，这一系列的劳动都使得妇女的劳动过于繁重。但只有适时调整和转化自己的传统角色，改变传统的生活方式和节奏才能尽快地融入新的社会生活环境。

综上，通过以上对渔村妇女从"牛马"到"劳动主体"的转变过程的分析，可以发现，自 1980 年以来，随着渔村经济制度的改革和渔民家庭结构的变换，"渔嫂"们的劳动开始变得自主化和多样化，渔村妇女的自我劳动意识也从传统的"牛马"转变为"劳动主体"。然而，对于今后渔村妇女的劳动参与以及提高自我劳动意识方面，还需要各级渔村的政府以及妇联等组织给予相应的指导和帮助，让"渔嫂"们成为新区经济建设的领头军，让她们实现家庭之外的多重角色职能，慢慢享受自由、自主和自食其力，进而使她们在舟山新区的经济发展中发挥更大的作用。另外，还应通过各界基层组织的积极宣传和教育，让"渔嫂"们投入更多的政治事务中，让她们认清社会的发展趋势，逐渐学会去维护自身的合法权益，以便全方位地完善自我，实现自我。

（责任编辑：胡亮）

中国海洋社会学研究

2016 年卷　总第 4 期

第 80~86 页

从单一性到多样性：转产转业过程中沿海
渔民与海洋的关系变迁

崔　凤　赵雅倩[*]

摘　要：实现渔民的转产转业从根本上来说，就是实现渔民劳动力的转移。在渔业资源日益匮乏，海洋捕捞业日益膨胀的情况下，政府鼓励渔民向其他产业转移。本文旨在通过对沿海渔民转产转业主要实现路径进行分析，透视我国沿海渔民与海洋关系发生的变化。在实现渔民转产转业的过程当中，渔民与海洋的关系逐渐由单一走向多样性。这种变化主要表现在四个方面：一是沿海渔民对海洋的依赖关系依然存在；二是渔民转产转业过程中渔民海洋市场化意识提高；三是渔民与海洋的关系逐渐向单纯的情感关系转变；四是渔民职业向非渔产业转移，渔村新型群体出现。对渔民和海洋的关系变迁进行研究，有助于我们进一步了解渔民生活的变迁。

关键词：沿海渔民　转产转业　实现路径

一　问题的提出

一般来说，渔业可分为"淡水渔业"和"海洋渔业"。本文研究的主要

---

* 崔凤（1967~），吉林乾安人，中国海洋大学法政学院教授，研究方向为海洋社会学与环境社会学。赵雅倩（1991~），河南许昌人，中国海洋大学法政学院社会学专业 2014 级硕士研究生，研究方向为海洋社会学。

是沿海渔民与海洋关系的变迁，考察的重点是"海洋渔业"，所以在"渔民"前加"沿海"一词加以区分说明。自古以来，海洋渔业在海洋产业中都扮演着举足轻重的角色，在我们人类海洋开发实践活动的历史上占据着无可替代的地位。在人类海洋开发活动的早期，沿海渔民对海洋有强烈的依赖关系，这种依赖关系主要表现在"靠海吃海""以海为田、以渔为食"的经济、生存依赖关系，而我国"舟楫之便、渔盐之利"等词语也反映了这种早期海洋开发实践活动中渔民对海洋的特殊依赖关系。

渔民转产转业可简称为"双转"。国内有学者将其通俗地解释为"渔民弃捕上岸、转移到其他产业，其实质是削减捕捞能力，保持渔民船队捕捞能力与可捕国内海洋渔业资源的动态平衡，可持续地利用国内海洋渔业资源"。[①] 本文根据研究目的将"转产转业"界定为：在海洋渔业资源不断衰竭的严峻情况下，在海洋捕捞能力日益膨胀的同时，以解决沿海渔民的就业问题和生存出路，以确保渔区渔村经济发展和社会稳定为目的，由国家提出和倡导的鼓励渔民放弃海洋捕捞作业，转移到海洋捕捞业以外的其他海洋渔业产业或直接到非渔业产业就业的行为。

从早期的渔业社会经济活动到渔民的转产转业，渔民的生产生活方式发生变化的同时，渔民与海洋的关系也随之发生变化。而国内关于渔民与海洋的关系变迁研究目前还处于空白，因此，本文旨在通过对国内渔民转产转业主要实现路径的分析，透视我国沿海渔民与海洋关系之间发生的变化。

二　渔民转产转业主要实现路径

渔民的转产转业对促进我国当前渔业经济结构的调整起着重要的作用，这也直接关系到海洋捕捞业和谐可持续发展的前景。总体上，我国关于这方面的研究相对来说起步较晚，但近年来诸多学者对渔民转产转业的研究取得了大量的成果，各种研究得出的结论在一定程度上推进了渔民转产转业的顺利开展。其中，目前国内关于渔民转产转业的实现路径的研究结论主要表现在以下四个方面。

---

① 王淼、秦曼：《海洋渔业转型系统的构建及关系分析》，《中国海洋大学学报》（社会科学版）2008 年第 1 期。

（一）充分利用自身独特的"近海"优势，发展海水养殖业

海水养殖业相对来说改变了渔民传统的"单一"的以海洋捕捞为主的经济模式，它是"以养为主，捕养结合"的一种行之有效的发展模式。海水养殖业在"就海用海"的同时，不仅可以缓解近年来海产品产量不断下降的局势，也是解决渔民休渔期经济来源的一个重要途径。

（二）扩充市场出路、增加水产品附加值，大力发展水产品加工业

过去海水养殖业多数是"捕捞—出卖"的模式，大力发展水产品加工业，可以提高水产品附加值，是改善和优化水产业结构、合理配置水产资源、促进渔区经济发展、吸纳转业渔民实现其再就业的重要途径。

（三）深度挖掘区位、资源、剩余劳动力优势，带动休闲渔业和渔家乐的发展

海洋除了给人类带来物质和安全利益外，还为人们提供了观光旅游和文化娱乐等精神享受。海洋渔业资源不断枯竭，海洋捕捞能力日益膨胀的严峻情况下，可以充分挖掘沿海地区的地理位置、自然风光和剩余劳动力的优势，发展海洋旅游业，开拓出来的一条带渔民致富的新路子。从地方特色出发，带动滨海旅游业和渔家乐的发展，也是实现渔民转产转业的重要路径之一。

（四）促进渔村城镇化的发展，为渔民转产转业寻找多元路径

随着城镇化的发展，农村剩余劳动力逐渐从农业部门向非农业部门转移、从农村向城市转移。而渔民只靠渔业内部的劳动力转移，是不能从根本上解决渔民的就业问题的。这就需要促进渔村的城镇化发展，推动渔民跳出渔业、渔村，以从根本上缓解渔业发展面临的人口压力。

三 转产转业过程中沿海渔民与海洋关系的变化

随着经济的发展和乡镇城镇化的加快，农民对土地的关系从第一次变

化时的农忙耕种、农闲打工的模式到第二次的将土地转租甚至撂荒，再到第三次的从以前赖以生存的生产资料变为解除生存后顾之忧的退路，对自己的农民身份由认同变为偏离和漠视，农民与土地的关系一直在发生着变化。[①] 而在渔民转产转业的过程中，渔民与海洋的关系也在发生相应的变化。具体主要表现在以下几个方面：

（一）沿海渔民对海洋的依赖关系依然存在

虽然近年来海洋渔业资源不断减少，加上国际形势的变化，渔民转产转业成为一种必要趋势和国家大力推动的政策。但是，纵观 2009～2013 年全国主要沿海省区渔民家庭经营收入情况表（见图 1），可以明显看出，在渔民家庭的收入构成中，渔业收入依然占了渔民家庭总收入的绝大部分比例；而从图 1 中，我们也不难看出，渔业收入的提高与渔民家庭总收入的提高密切相关。

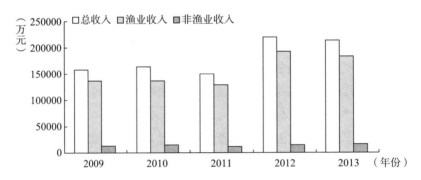

图 1 2009～2013 年沿海主要省区渔民家庭收入情况

数据来源：2009～2013 年《中国渔业年鉴》。

渔民对海洋的依赖关系就本质上来说，是在特定经济、制度的制约下，一段历史时期内，科学技术、社会关系和社会结构的制约使渔民依赖海洋为生。近些年，发展近海养殖业、水产品加工业以及挖掘资源优势发展休闲渔业作为渔民转产转业的主要实现路径，依然是在渔业的范围之内进行的，海洋渔业的收入占渔民家庭总收入的比重并没有下降。由此可见，沿海渔民对海洋的依赖关系依然存在，虽然这种依赖关系受到了极大的冲击，

---

① 仵军智：《当下土地关系嬗变与乡村生活的变化》，《中国土地》2011 年第 11 期。

并呈现多样化的趋势。但是，在转产转业的快速推进的当下，这种依赖关系并没有消失殆尽，而是在渔民群体中以多样的形式存在着。

（二）渔民转产转业过程中渔民海洋市场化意识提高

在传统的海洋捕捞业的基础之上，推动渔民转产转业进程的发展，扩大近海养殖业、水产品加工业以及休闲渔业的规模，务必伴随着渔业产业化经营的发展，务必伴随着渔民的海洋市场化意识的提高。由于国家经济实力的限制，近海养殖业、水产品加工业以及休闲渔业的发展，不能完全依赖政府的扶持，这其中主要依靠的是市场巨大的推动力。在发展近海养殖业、水产品加工业和休闲渔业的过程中，渔业一直是以市场为导向，朝着产业化经营的方向发展的，以使渔业的生产逐渐市场化；在这个过程中，渔业发展是按产业链条来组织渔业生产，以使渔业经营一体化；通过生产要素的重组以提高渔业的经济效益。这需要渔民跳出家庭经营中单打独斗的思维，走向渔业的市场化，才能推动近海养殖业、水产品加工业以及休闲渔业的发展。

由图 2 我们可以看出，2009～2013 年，山东省的海水养殖业、水产品加工业以及休闲渔业的发展整体上处于上升趋势；特别是水产品加工业和海水养殖业的发展相当迅速；休闲渔业的发展相对平稳，但整体仍呈现增长态势。其三者在山东省渔业经济总产值的比重是不断上升的。由此可见，海水养殖、水产品加工以及休闲渔业发展的过程中，渔民的海洋市场化意识也是在不断提高的。

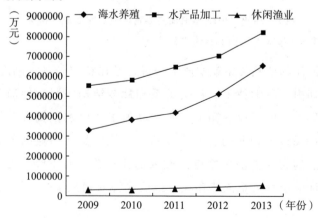

图 2 山东省渔业经济总产值（按当年价格计算）

数据来源：2009～2013 年《中国渔业年鉴》。

（三）渔民与海洋的关系逐渐向单纯的情感关系转变

渔民世代生活在渔村，以捕捞为生，他们对渔船和大海的感情就如同农民对土地的感情一样深厚，由此形成了一种独特的渔村文化。渔民习惯了渔村的闲暇生活，习惯于以传统捕捞为主的生活方式。渔民与海洋的情感是指渔民在经营生产的过程中对海洋产生的情感寄托。当前渔民对海洋的关系逐渐向单纯的情感关系转变，因为海洋在给渔民提供生活支柱的基础之上，能够带给渔民轻松的生活节奏和安全感。讲到传统农民对土地的感情，费孝通在《乡土中国》一书中这样来描述农民与土地割不断的情感联系："农业是直接取自于土地的，种地的人搬不动地，长在土里的庄稼行动不得，侍候庄稼的老农也像是半身插入了土里。"他还认为乡土社会中泥土是可贵的，讲到外出的游子如果水土不服或者老是想家，可以将家乡的泥土煮一点汤，以克服对家的思念。[①] 土地在这里成为生命的一部分，融进了身体，更融进了灵魂。在经历了农村改革和土地流转之后，虽然土地的收益对许多家庭来说已经变得微不足道，但是依然有部分农民保持着对土地很深的感情和依恋。这种对土地的依恋不是来自土地带来的经济价值，而是因为土地提供了一种心灵深处的慰藉。而在渔民的转产转业的过程当中，渔民对海洋的经济依赖关系依然存在，但这种依赖受到了渔民海洋市场化意识提高的冲击，渔民对海洋的关系也将由单纯的依赖海洋的经济价值向单纯的情感关系转变。

类似于这类海洋情感依恋主要是体现在老人身上。一位70多岁的老人，从十几岁开始跟随自己的父亲从事海洋捕捞，到退出捕捞业，老人接近60年都是在与海洋打交道。现在老人把名下的一条船转让给了儿子，虽然不再从事捕捞业，他依然没有离开海洋，在忙季总是会帮家里打下手甚至跟随出海。一方面是为了给家里帮忙；另一方面，用老人自己的话来说："一辈子都在跟海洋打交道，不捕鱼吧，就觉得自己不知道该干点什么，老觉得不踏实。"捕鱼是老人一生的职业，更成为难以割舍的生活方式，只有和海洋待在一起才让他有安全感。

---

① 费孝通：《江村经济》，商务印书馆，2001，第160页。

（四）渔民职业向非渔产业转移，渔村新型群体出现

随着城镇化的发展，农村剩余劳动力逐渐从农业部门向非农业部门转移、从农村向城市转移。而渔民只靠渔业内部的劳动力转移，是不能从根本上解决渔民的就业问题的。这就需要促进渔村的城镇化发展，推动渔民跳出渔业、渔村，以从根本上缓解渔业发展面临的人口压力。

从渔民转产转业的主要实现路径看。在中国沿海渔民转产转业的实践中，大部分渔民退出捕捞业，改从事海水养殖业，或是从事水产品加工业、休闲渔业或者由渔业部门转向非渔业部门，这种产业层面上的转产转业，与劳动力从农业部门向非农业部门转移的方向相一致，符合工业化的要求。[①] 另外，通过加快渔港建设和渔村城镇化进程，有相当一部分则转移到了周边城市或小城镇，改行从事非渔产业，不仅实现了职业转换，而且还实现了从渔民到市民的身份转换。这种地域层面的转产转业与劳动力从农村向城镇转移的方向相一致，符合城市化的要求。可以说，沿海渔民转产转业的方向和路径符合劳动力转移理论中二元结构转换的一般规律，转产转业的结果也符合工业化和城市化的要求。从整体上来说，渔民职业由传统的捕捞业向非渔产业转移，渔民群体中出现了从事非渔业的新型群体。

整体上来说，沿海渔民与海洋的关系是伴随着渔民转产转业进程的推进由单一向多样性发展的。渔民对海洋的依赖关系依然存在，但这种经济上的依赖关系受到了渔民海洋市场化意识提高的影响；在一定程度上，逐渐由单一的经济依赖向单纯的情感依赖转变；伴随渔村城镇化的发展，渔民群体逐渐向非渔产业转移，渔村中也随之出现了新型渔民群体。沿海渔民与海洋关系的变迁，与农民和土地关系的变迁有一定的相似之处。譬如，都是一种由单一向多样性的转变，对海洋、土地资源的依赖不再仅仅是经济上的依赖等。但沿海渔民与海洋关系的变迁也必定有自己的特性，故笔者打算下一步将沿海渔民与海洋关系的变迁与农民和土地关系的变迁进行比较，通过比较研究，以期挖掘出沿海渔民与海洋关系变迁不同于农民对土地关系变迁的特点。

（责任编辑：孙瑜）

---

① 仵军智：《当下土地关系嬗变与乡村生活的变化》，《中国土地》2011 年第 11 期。

渔村社会变迁

中国海洋社会学研究

2016 年卷 总第 4 期

第 89 ~ 100 页

© SSAP, 2016

沿海渔村的陆化变迁

——基于 L 村的调查

崔　凤　葛学良*

摘　要： 海洋渔村是人类依靠海洋资源而聚居并形成与陆地土地型社区风格迥异的人类生产生活共同体。近些年来，随着人类海洋开发力度的加大，海洋资源环境状况日益恶化，而以海洋为存在和发展依托的渔村社区也处在不断变迁之中。其中，在我国占较大比例的沿海渔村，正经历着一次陆化类型的变迁。这些沿海渔村社区主要在其产业结构以及生产生活方式、风俗文化上呈现出陆化，并表现出加速的趋势。

关键词： 海洋渔村　沿海渔村　海洋开发　陆化　社会变迁

我国既是陆地大国，又是海洋大国。我国海岸线总长度达到 3.2 万公里，其中大陆海岸线 1.8 万公里，岛屿海岸线 1.4 万公里。在我国漫长的海岸线上分布着数以万计的海洋渔村。较长的历史时期以来，这些海洋渔村就作为人类开发利用海洋资源的重要实施载体而存在。正因为如此，在自然属性方面，依赖海洋资源而存在的海洋渔村与依赖土地资源而发展的土地型社区存在诸多差异。特别是在当前海洋开发力度不断加大、海洋资源环境状况逐渐恶化的背景下，探讨海洋渔村的发展变迁更加具有历史和现

---

*　崔凤（1967 ~ ），吉林乾安人，中国海洋大学法政学院教授，博士后，研究方向为海洋社会学与环境社会学。葛学良（1988 ~ ），山东高密人，中国海洋大学法政学院社会学专业 2013 级硕士研究生，研究方向为海洋社会学。

实意义。

一 海洋渔村与沿海渔村

海洋渔村，顾名思义是濒临海洋的渔业村落。依赖海洋是海洋渔村与内陆沿江河、湖泊、水库等类型渔村最大的区别。根据其距离海洋远近、所处的地理区位以及依赖海洋程度的不同，我们又可以将海洋渔村划分为海岛渔村、城郊渔村和沿海渔村三类。其中，沿海渔村是数量最多的海洋渔村，也独具其自身的发展变迁特色。

（一）海洋渔村与沿海渔村的内涵与外延

海洋渔村是地处沿海地带且主要依靠海洋资源而形成特定的生产方式，又在生产方式的基础上形成了特定的生活方式，并形成了独具特色的风俗习惯、宗教信仰的区域生产生活共同体。从一般意义上说，依靠海洋而生存发展的海洋渔村是一种典型的资源型社区。海洋渔村拥有各种海洋动植物资源、矿产资源、旅游资源等，而且还拥有一定的海洋人文资源。

与陆地上的土地型社区相比，海洋渔村呈现出不同的特点。唐国建认为，海洋渔村具有四个特征：①村庄的自然边界较为模糊；②人均耕地甚少，生存资源主要来自海洋；③生存工具（主要指渔船等相关工具）是家庭生存的主要依靠；④海洋渔民合作意识较强。① 这体现出海洋渔村社区在生产生活等方面，与陆地农村社区特别是内陆农村社区风格不尽相同的自然及人文风貌。

对于海洋渔村，我们可以大致分为三种类型：海岛渔村、城郊渔村和沿海渔村。海岛渔村是坐落在海岛上的海洋渔村。海岛是四面环水、与大陆直接分离的地域，我们一般认为海岛渔村受到海洋资源变化的影响更为明显。城郊渔村可以认为是海洋渔村的一种特殊类型，单纯地从地理区位上看它们可能属于海岛渔村或者沿海渔村。但是，其最大的不同是临近市区，或者正处在城市发展的包围下，受到中心城市的辐射作用较强，并有

---

① 唐国建：《海洋渔村的"终结"——海洋开发、资源再配置与渔村的变迁》，海洋出版社，2012，第 24 ~ 26 页。

被中心城市纳入其发展格局、实现城市化的趋势。城郊渔村与其他两种渔村的一个显著不同体现在，地理区位是最为关键的因素，即使该渔村所属海域海洋动植物资源相当丰富，还是会被城市吸纳进其发展体系，而第一产业的渔业将不再成为发展的途径。沿海渔村则是除上述两种渔村外的第三种海洋渔村，它们既不是完全远离大陆的海岛渔村，也不是临近中心城市的待城市化渔村。它们的分布最为广泛，存在数量也最多。

既然海洋渔村是典型的资源型社区，那么资源开发利用方式的变化以及导致的资源情况的改变，都会影响海洋渔村生产方式和生活方式的变化，也就是说，海洋渔村会处在不断变化当中，这就是海洋渔村的变迁。海洋开发、城市化和海洋环境变迁是改变沿海地区的三大社会要素。[①] 这三种渔村的变迁路径是不同的。城郊渔村受到城市化的影响最为直接，海岛渔村则受海洋资源特别是海洋动植物资源变化的影响最为明显；而沿海渔村则处于上述两种渔村的中间，它既受海洋资源变化的影响，也受市场化、资源管理体制等多种因素的影响。

正是因为沿海渔村有着与其他两种海洋渔村不同的变迁因素。因此，本文将沿海渔村作为研究对象。同时，根据研究发现，沿海渔村正经历着一次陆化类型的变迁过程。陆化类型的变迁包含经济、文化、社会生活等多个具体层面。在这里，我们主要从产业结构这一角度阐述沿海渔村的变迁模式。

（二）L 村概况

L 村既非海岛渔村，又非城郊的海洋渔村，是典型的沿海渔村社区。它隶属山东省烟台市蓬莱新港街道，是蓬莱市是最大的行政村，向西距离蓬莱市区约 15 公里。L 行政村由张家疃、李家疃、刘家旺 3 个自然村组成。3 个自然村地界不明显，村内居民房屋院落紧密排列。一条无名小河自西向东贯流该村。该村是典型的胶东农村社区，民居多以砖墙结构的双坡屋顶形式为主。2015 年该村共 1400 余户，户籍人口 3100 多人。

L 村东边直接濒临广阔的黄海海面，正北十几海里为渤海海峡，向西北

---

① 唐国建：《海洋渔村的"终结"——海洋开发、资源再配置与渔村的变迁》，海洋出版社，2012，第 4 页。

方向绕过蓬莱角直通渤海海域。该村海岸线长约 5 公里，所濒临海域称 L
湾。其海岸线呈南北走向，岸线平缓，有几处沙滩。L 村临近的海域为蓬
莱、长岛沿岸渔场。该渔场作业渔具以坛子网、流刺网、小拖网、钓钩和
耙刺类为主，主要捕捞对象为中国对虾、鹰爪虾、蓝点马鲛、鳀鱼、小鳞
鱼、黄姑鱼、沙丁鱼与鲆鲽类、鳐类及魁蚶、栉江珧等贝类。①

L 村是胶东半岛地区传统的渔业村，渔业发展历史悠久，自古以来是重
要的沿海港湾、渔场、渔村及海防重地。明嘉靖年间《山东通志》中所见
16 世纪初期的山东海口，即有蓬莱 L 海口。② 清代前期学者对于渤海周围地
区海防地理形势的认识为，"夫岛屿既不设险，则海口所系非轻。自营城以
东，若抹直、石落湾子、L……皆可通番船登突，严外户以绥堂阃"。③ 李士
豪 1934 年著的《中国海洋渔业现状及其建议》中将 L 附近渔场作为山东省
的主要渔场之一。《科学的山东》中记载，"于 L、栾家口一带海面捕加级
鱼"。④ 1990 年 12 月 27 日，农业部公布第二批沿海渔港名录，烟台市有 7
处群众渔港，其中蓬莱县 5 处（蓬莱渔港、栾家口渔港、L 渔港、海头渔
港、初旺渔港）。⑤ L 村所作为一个渔村、渔港、港湾，长期以来是海洋捕
捞业及相关渔业产业较为发达的地带。

二　20 世纪 90 年代及以前的海洋捕捞业与相关产业的发展

海洋捕捞业是传统的海洋产业，是海洋水产业的重要组成部分。20 世
纪 90 年代及以前，无论是海洋渔村还是沿海渔村，其渔业最重要的组成部
分就是海洋捕捞业。L 村的发展与海洋捕捞业密切相关。

L 村在新中国成立前即为重要的沿海渔村。新中国成立后，社会主义生
产力得到极大解放。L 村的渔业得到进一步发展。特别是合作化初期，渔民
的生产积极性也大有提高。在《莱阳专区及烟台市暴风警报站一览表》中，

---

① 烟台海洋与渔业志编委会：《烟台海洋与渔业志（续志）》，内部印行本，2012，第 287 页。
② 杨强：《北洋之利：古代渤黄海区域的海洋经济》，江西高校出版社，2005，第 25～26 页。
③ 宋平章：《清代前期学者关于渤海周围地区海防地理形势的认识》，《信阳师范学院学报》
　（哲学社会科版）2001 年第 21 期。
④ 山东省水产志编纂委员会：《山东省水产志资料长编》，内部印行本，1986，第 172～
　174 页。
⑤ 烟台海洋与渔业志编委会：《烟台海洋与渔业志（续志）》，内部印行本，2012，第 262 页。

蓬莱县警报站位于蓬莱县 L 村，建站时间为 1952 年 6 月。[①] 另外还建有 L 灯桩，该灯桩 1954 年建，1957 年重修，为一上百下黑园（圆）筒。灯高 37.8 米，射程 9 华里，是白色联闪灯，由蓬莱县渔船渔港监督管理站管理。[②]

（一）海洋捕捞业的发展

1957 年初，该村渔业生产合作社总结创造了茫子灯，提高了捕捞对虾的效率。该年 L 村渔业产总产量为 131.5 万斤，其中，对虾产量为 26.97 万斤。[③] 1958 年，该合作社又做了"对虾高额丰产经验总结"，并"出席县第一届积极分子会议获得县人民委员会奖旗一面"。[④]

1965 年，L 村渔业大队下设 10 个作业组，其中坛子网定置队 3 个、远洋流动作业组 4 个、机帆船组 1 个、养殖组 1 个、老年组 1 个，共有捕捞养殖渔户 146 户，劳动力 150 名（包括非生产人员 4 名，五保户 2 名）。全大队共有各种网具 840 顶，其中尼龙流网 277 吊、棉线流网 249 吊、虾网 73 块、坛子网 140 块、轻拖网 4 块、裤裆网 22 块、潜水器 2 台，海带 25 亩。大中小木帆船 60 只，60 马力机帆船两只。[⑤] 1965 年，原烟台、长岛、蓬莱、牟平、福山 5 县（市）公司（站）合并成立山东省水产供销公司烟台支公司，辖牟平、初旺、L、水城等 6 处水产供销站及长岛砣矶、钦岛、隍城 3 处分站。[⑥] 后来，L 村渔业大队成立了渔业公司，该渔业公司拥有大小机帆船 40 余艘。1995 年后，渔业式微。20 世纪 90 年代末，渔业公司解体。

1981～1983 年，中国科学院黄海水产研究所在蓬莱 L 海区建立了人工鱼礁试验点，先后投放 8 立方米体鱼礁 310 个，试验点总面积达 3.45 万平方米。投礁后半年，鱼礁表面开始附着生物，常见的有海星、海胆、海螺、牡蛎及蟹类等。1981 年 11 月投放的鱼礁区范围内，在 9 个月后钓捕到真鲷、皇姑等优质鱼。1983 年投礁后，人工鱼礁区内钓钩试捕单位产量是上

① 烟台市水产局史志办公室：《烟台市水产志长编（下）》，内部印行本，时间不详，第 6 页。
② 烟台市水产局史志办公室：《烟台市水产志长编（下）》，内部印行本，时间不详，第 11 页。
③ 莱阳专区工作组：《刘家旺渔业情况调查（1936～1957）》，1957，蓬莱市档案馆。
④ 蓬莱县人民委员会：《蓬莱县刘家旺乡刘家旺渔业生产合作社对虾高额丰产经验总结》，1958，蓬莱市档案馆。
⑤ 刘家旺包点工作组：《蓬莱县刘家旺点关于包刘家旺渔业大队点的情况报告》，1965，蓬莱市档案馆。
⑥ 烟台市水产局史志办公室：《烟台市水产志长编（下）》，内部印行本，时间不详，第 58 页。

年的 1.8 倍，是未投礁前的 1981 年附近天然礁区单位产量的 2.5 倍。①

1985 年，L 村"单干"后，个人可以购买渔船，从而陆续增加了 80 余条个体船只。至 20 世纪 90 年代，最多达到 140～150 条渔船，均以 20 马力、40 马力、60 马力为主，也有一二百马力的大船。同时，钢壳机船也日益增多。"我最开始和朋友弄了一条 12 马力的 195（型渔船）。到 1989 年换成 40 马力的，（一九）九几年又换成 80 马力的。额外，我自己还有一条船。"② 1991 年，L 村渔业公司添置大马力机动渔船从事远洋生产，购置了 185 马力钢壳机动渔船两只，船型为 834 型，使用马力为 204 马力，净吨位 40 吨，作业续航能力为 20 天，年生产水产品 150 吨。随着渔船的马力增大，捕捞作业范围也逐步扩展到辽东湾、渤海湾、舟山群岛附近以及与韩国交界处海域等远海。现在，L 村有八九十艘渔船，但基本上为小型渔船，不能出远海捕捞，只是在近海使用定置工具进行捕捞、采集。渔民数量也比过去减少一半以上。

1985 年至 1995 年十年是 L 村渔业发展的鼎盛时期，鱼种丰富，产量较高。平均一条船出海归来可捕捞 5000～6000 斤水产品。渔业公司年渔获量约 100 万斤。

（二）冷藏、船舶、食品加工等相关产业的发展

伴随海洋捕捞业的发展，与其相关的水产品冷藏、加工、运输业，以及船舶修造、绳索加工等产业也蓬勃兴起。

从 1985 年开始，L 村出现一些从事水产品运输、经销的经营者。他们将在 L 村上岸的渔获物销售到天津、临沂、青岛等地。20 世纪 90 年代，专业化的运输及销售产业愈加兴旺。同时，冷藏厂出现并逐渐增至 6 个，分属村集体、增值中心、渔业公司、水产站、扇贝厂等。冷藏后的水产品则主要输出至北京等地，也出口境外。

1986 年，L 海产品加工厂成立，主要加工鱼、虾、贝类、藻类等。1989 年，在原海产品加工厂基础上成立了蓬莱县 L 水产品综合加工厂。其间生产了"人石"牌罐头等水产品深加工产品。1992 年，还成立了蓬莱市马格

① 烟台海洋与渔业志编委会：《烟台海洋与渔业志（续志）》，内部印行本，2012，第 358 页。
② 2015 年 5 月村民访谈资料。

庄镇 L 水产品加工厂，以加工干鱼、鲜鱼和鱼粉为主。

1990 年，L 村渔业公司拥有 135 马力机动船 6 艘，40 马力机动船 8 艘，20 马力机动船 2 艘，12 马力机动船 15 艘。为了便于船只的维修及制造，利用资金不外流等有利条件，L 村渔业公司兴建了蓬莱县马格庄镇 L 渔业公司船厂。该船厂能够提供渔船修造业务。可造 20 马力、40 马力等的中小型木质机船，年产量 30~40 艘。此外，还成立了蓬莱县 L 船用漆厂，主要生产船用漆系列产品。1995 年左右，L 村第二家船厂建成。90 年代末，面对资源持续衰退的不利形势，国家加强了船只管理，控制作业渔船的增长。同时，随着渔业资源的日益枯竭，渔船需求量也逐年降低。现在船厂基本以提供维修为主。

1990 年，L 村村集体在村东南修筑了一个渔码头，现在基本废弃。1995 年前后，渔业公司为方便收货，在其冷藏厂附近修筑了渔业码头。现在的利用也大不如前。

20 世纪 80 年代，L 村还建起了集体网厂，提供网具加工，还有部分个体网具、绳索加工作坊。"我是从（19）87 年左右开始打鱼的，在此之前我是给海上服务，海上用的绳子都是我给提供。从青岛进料，拿回来加工，有的时候一个星期去青岛两三趟。"① 然而，现在该村的绳索及网具加工业基本上消失了。

L 村所在渔场渔获丰富，从 60 年代开始，直到 90 年代，吸引了许多外地人前来暂居甚至落户。山东省的日照人就长期在 L 及附近渔村居住从事海洋捕捞业，并大量落户。其间，还有许多本村女性与前来从事海洋捕捞的辽宁人结婚，有的还嫁至辽宁。

此外，L 村的村落结构也是沿海岸线分布，这主要因为在计划经济时代和渔业发达时代方便在海边提供一些服务业，许多鱼行、小卖部、饭馆等因此兴起。总之，作为一个渔村，经过半个世纪的发展，L 村的渔村特色更加彰显。

三 20 世纪 90 年代末至今产业日趋陆化及其加速

20 世纪 90 年代末期，海洋捕捞业逐渐衰落。"过去我们这边是从 5 月

---

① 2015 年 5 月村民访谈资料。

份开始放流①，一般能打一千斤、两千斤或者更多，就是最少的时候也得有五六百斤。可是现在都是一百多马力的船，出去一宿，也就弄个一二百斤。"② 伴随海洋捕捞业日渐衰落，L 村的主导经济产业开始向陆地转移，更多从事捕捞业的渔民转向养殖业和果园种植业。至 2000 年前后，L 村迅速发展了依靠陆地工厂化养殖车间的海珍品养殖、水貂养殖等养殖业。同时，由于当地的地理气候适宜，经济作物种植业也得到快速发展，并从过去的 80 亩扩大到现在的 3500 亩，实现种植面积的巨大增长。"2000 年以前，主要还是海上（产业），差不多一半都在海上，其次是养貂、果树，现在海上只占 20% ~ 30%。大部分人转入种树、养貂、滩涂养殖和在池子里育苗。"③

（一）陆地养殖业的迅速发展

养殖业是当前 L 村重要的支柱产业，主要包括海珍品养殖和水貂养殖。

20 世纪 90 年代末期，L 村部分渔民开始从海洋捕捞业转业开展海珍品养殖，主要以海参和扇贝为主。2000 年，是 L 村贝类苗种的兴盛时期。2005 年，海参育苗达到顶峰。

如果按照狭义的理解，海洋渔业是指通过在海洋中捕捞、采集和养殖水生动植物获得水产品的一类生产活动。④ 那么，在陆上的海水养殖业不被看作海洋渔业。L 村的海珍品养殖业，主要是以海参育苗为主。这种海参育苗业是在工厂化的养殖车间中进行的，几乎不受海洋环境状况的影响。从21 世纪初期海参育苗业兴起以来，当前 L 村育苗厂已逾 50 家，规模较大的育苗厂有上万立方米水体，小一点的有几百立方米水体。

L 村的水貂养殖发展较早，规模不断扩大。由于在早期，水貂的主要饲料是小鱼小虾，在 20 世纪渔获丰富的年代，L 村于 1966 年开办了养貂

---

① 放流是指使用流网捕鱼。流网是渔网的一种，由数十至数百片网连成长带形放在水中直立呈墙状，随水流漂移，把游动的鱼挂住或缠住，用来捕捞个中水层的鱼类，如黄鱼等。
② 2015 年 5 月村民访谈资料。
③ 2015 年 5 月村民访谈资料。
④ 中国海洋产业发展战略研究课题组：《中国海洋产业发展战略研究》，经济科学出版社，2009，第 117 页。

场——L大队水貂场。该水貂场自建场以来，兽群不断扩大，经济收益逐年提高，为其他场提供了较多的优质貂种，为外贸提供大量货源，以饲养种貂为主，一般规模在 3000～5000 头。L村水貂场是蓬莱市多年来的养貂先进单位、特种经济动物示范基地，是烟台市指定的种貂繁育场、山东省水貂良种场，还是全国千县工程办公室珍贵毛皮动物示范基地。20 世纪 90 年代末期以后，个体养貂迅速发展起来。当前，L村除了村集体这家貂场外，还有大型貂场 20 余家，散户也有一二百户。大户一般 1000 头种貂，散户 100～500 头不等。

其他养殖业中，养猪的也有十几户，养鸡的也有数户。

（二）苹果、梨、葡萄等经济作物种植的发展

L村在计划经济时期拥有 80 亩集体果园，而大部分耕地主要种植花生、小麦、玉米等。随着渔业的式微以及苹果销售价格的持续走高，越来越多的渔民将自家耕地改种苹果等经济作物，现在已达到 3500 余亩，占全村 5500 亩耕地面积的 60% 以上，并且每年仍增加 300～500 亩。L村的果园种植主要以苹果、黄金梨和葡萄为主。

近年来，果园种植业的发展带动了节水工程，种植户注意作物保墒，提高了种植技术。同时，依靠果品冷风库，还出现了专业的苹果经销商。转变为果农的渔民，将其主要的经济活动转移到陆地的种植业。一些种植大户，在忙时会雇工来进行生产，这也吸引了大量劳动力向陆地转移。

四　结论与讨论

资源型社区的变迁与其依赖的资源状况密切相关。L村作为典型的沿海渔村，其历史发展变迁历程突出反映了这一类型渔村的共性。社会变迁是一个表示一切社会现象的动态过程及其结果的范畴，特别是指在社会结构方面的变化。同样，陆化类型的变迁既是过程，也是结果。在这里，陆化这一概念主要强调了其海陆地理空间的变化，特别是产业结构从海洋到陆地的空间转移。同时，陆化还包含原本海洋气息浓厚的风俗文化不断向陆地风貌转变。因此，这一陆化是社会空间与地理空间变迁的结合。无论是

海陆空间的变化，还是海陆风土人情的变化，沿海渔村的陆化类型的变迁模式都有其深刻的社会逻辑。

（一）经济驱动是陆化变迁的根源

社会经济的变化与发展是社会变迁的最重要因素和内容，对社会变迁具有决定性的作用。农业"大包干"以前，在计划经济体制下，经济因素作为生产力发展的推动力量受到极大的压抑。在计划经济体制下，打鱼只是完成生产队的任务，至于打多少鱼、卖多少钱与具体劳动者并无直接关联。在改革开放后，特别是实行"大包干"以后，个人可以从集体买船，也可以自己造船，从而增加了渔村数量，调动了劳动者的生产积极性。经济这一重要的生产要素得到充分解放，并成为根本的推动力量。这直接成就了 20 世纪八九十年代的海洋渔业捕捞大发展。然而，随之而来的是海洋渔业资源日益枯竭，海洋捕捞业的经济价值大大降低，在经济利益的驱动下，人们主动转向其他产业，海洋捕捞业随之衰落。

（二）海洋渔业资源的枯竭是陆化变迁的直接原因

沿海渔村社区作为资源型社区，对于海洋资源特别是海洋动植物资源的依赖性非常大。事实上，绝大部分的沿海渔村以及其他类型的海洋渔村都是依靠海洋中的动植物资源得以生存发展的。海洋资源枯竭，特别是海洋动植物资源的枯竭是近些年来出现的严重海洋问题。在我国，许多传统的渔场面临无鱼可捕的境地。许多渔场甚至已经荒废，成为"海洋荒漠"。这一方面与 20 世纪 90 年代以来的海洋资源环境状况恶化有关，另一方面更是近海渔业过度捕捞的恶果。

20 世纪 90 年代以来，我国经济社会持续快速发展，在取得令人瞩目的巨大成就的同时，环境问题也日益突出。海洋作为我国经济社会发展的一个重要战略依托，扮演着越来越重要的角色，也承载了较大的环境压力。近些年来，海洋环境污染与海洋生态破坏愈加严重，我国面临着海洋环境恶化的严峻挑战。进入 90 年代，我们可以明显看出 1992～2000 年前后我国管辖海域中劣于第一类水质标准的海域面积增长迅速，在 2000 年超过了 20 万平方公里。在 10 年左右的时间内，非清洁水质海域面积逐年递增，这反映了我国近岸海域水质污染十分严重的态势。[①] 1992～2013 年劣于第一类水质标准的海域面积总体上还是呈现小幅增长的线性变化趋势，而且每年非清洁海域面积的总量仍然保持在平均 15.84 万平方公里的水平，这基本反映了当前我国海洋水质环境质量仍然较差的客观事实。

与 L 村类似的大量沿海渔村社区对于海洋资源的依赖程度较大。近些年来，随着海洋环境状况的恶化，沿海渔村面临"有海无鱼"的境况，特别是海洋环境的污染和破坏，使得海洋动植物质量和数量直线下降。L 村地处胶东半岛北端，直接濒临黄海，临近渤海。黄海、渤海自古以来是 L 村的传统捕捞渔场。但是，受到渤海、黄海的海洋环境恶化以及捕捞过度的影响，L 村的海洋捕捞业几乎陷入停滞。许多渔民纷纷将渔船出让，转产至陆地产业。

（三） 自有耕地及其扩大为陆化变迁提供了可能

自古以来，农村作为依赖土地资源进行耕作而存在的人类共同体，是离不开土地这一根本生产、生活要素的。耕地资源是农村社区得以存在的基本保障。同时，沿海渔村与其他类型的渔村特别是与海岛渔村相比在变迁上存在差异的一个重要因素是耕地。

沿海渔村不同于其他两种渔村，尤其是不同于海岛渔村的一个重要特点是拥有一定数量的耕地。相对于陆地上的土地型农村社区，受到自身自然条件、国家政策等因素影响，海洋渔村一般拥有较少的自有耕地，甚至没有自有耕地。数量也不在少数的海岛渔村一般坐落在海中岛屿上，由于海岛四面环水，无论其成因是大陆岛还是冲积岛，大多地形狭小，甚至有些岛屿上地形崎岖破碎，几乎不具备耕作条件，耕地资源少之又少，甚至没有。而沿海渔村拥有面朝大海、背靠陆地的地理格局，往往在历史上就有一定的耕地。一般来说，大部分的沿海渔村都多多少少保留了一定数量的耕地以及林地等可用作非渔业生产活动的资源。因此，从这个角度看，正是因为沿海渔村保有耕地才使得其陆化成为可能。

L 村地处胶东半岛丘陵地带，从其所处的地理区位来看，是我国重要的

---

① 崔凤：《"从快速恶化到基本稳定"：论 1989～2013 年我国海洋环境的变迁》，《中国海洋社会学研究》2015 年第 1 期。

苹果等经济作物的主产区。因此，L 村既有一部分可供种植业的耕地，还有一部分可供发展经济作为的林地。从当前 L 村的发展情况来看，以苹果种植为主的经济作物种植业日益扩大、发展迅速。

（四）政策、地理、技术、文化等是陆化变迁的重要影响因素

除了海洋渔业资源的枯竭以及保有耕地资源是沿海渔村陆化的重要原因，在政策、地理、技术及文化等方面也是其陆化变迁的重要影响因素。

政策，特别是宏观的经济政策对渔村产业结构变迁的影响较大。在计划经济体制下，政策因素的影响明显大于经济的、环境的影响。实施适应生产力发展要求的政策措施，能够引导和刺激相关产业的发展。

L 村虽然位于海边，相对远离市区，但是交通便利，并有直达的公交车前往市中心。L 村有一条村级公路经过，并向西与蓬莱市区的干线道路连通。较为便捷的交通，一方面方便了村民的外出，另一方面也使收购貂、猪以及苹果的车辆能够方便进入。

同时，随着先进农机具设备的改进和发明，生产效率得到极大的提高，降低了人们的劳动强度。特别是先进的滴灌等灌溉技术，解决了该村农业用水不足的问题，促进了该村果树种植业的发展。

此外，L 村村民发展思路较为开放，能够根据市场动向适时转变生产经营活动。在 20 世纪末期，海洋捕捞业衰落时，有部分渔民率先发展起海产品养殖业；在近年来苹果等果品市场需求不断上升之时，人们紧跟步伐，转向果园种植业。

（责任编辑：杨阳）

中国海洋社会学研究

2016 年卷　总第 4 期

第 101~109 页

© SSAP，2016

城市化背景下海洋渔村变迁

——基于国内研究文献的思考

高超勇　王书明　王振海[*]

摘　要：近年来，随着城市化进程的加快，海洋渔村产生了巨大的变迁。渔村出现了产业结构转型，渔业由单一捕捞渔业转向以养殖渔业为主，以海产品加工为代表的工业以及餐饮、休闲等服务业在渔村兴起；渔业的转型使传统渔民成为剩余劳动力，面临着转产转业，一部分渔民涌入城市，另一部分投入当地的第二、三产业中；由于传统渔业和渔民的变迁，传统渔村文化面临传承危机，一部分逐渐消失，另一部分逐步地被商业化；随着渔村产业结构的转型，渔民的地位也发生了分化，本地渔民之间的人际关系变得功利，本地渔民和外来渔民之间矛盾凸显。海洋渔村的发展路径是多元化的，海洋渔村发展的方向应当是多种多样的，而不应该是千篇一律的城市社区，发展现代渔村、实现渔村现代化将会是实现传统海洋渔村转型的一种有效途径，而对于传统渔村的保护也同样重要。

关键词：城市化　海洋渔村　社会变迁　转产转业

　　城市化是社会经济发展的必然结果，是现代化的必由之路，是社会进

---

* 高超勇（1991~），中国海洋大学法政学院 2014 级社会学硕士研究生，研究方向为海洋社会学。王书明（1963~），山东蓬莱人，中国海洋大学法政学院社会学研究所所长，主要研究方向为环境社会学、海洋社会学。王振海（1961~），山东新泰人，青岛市委党校教授，中国海洋大学法政学院兼职教授。

步的表现。近年来，随着城镇化进程的加快，农村社区也逐步地转变成为城市社区，作为农村社区的重要类型的海洋渔村也在发生着巨大的社会变迁。由于海洋渔村所依赖的生产资源不同于传统的土地型村落，因此，在城市化的背景下，海洋渔村变迁有着自身的独特之处。广袤的海洋作为渔村主要的生产资源，具有流动性和不稳定性的特点，与土地资源有着很大的不同。除了生产资料差异外，海洋渔村还兼具着海洋和陆地社会两种特性，因而呈现出不同的城市化特性。

一　近年来海洋渔村的变迁

海洋渔村形成于人类海洋开发实践活动的早期，人们在渔村里从事海洋生物资源的捕捞、养殖等海洋开发的生产实践活动，基于这样的生产活动，人们形成了特定的海洋信仰、海洋民俗和海洋文化。所谓海洋渔村，是指在地理空间上依靠海洋资源生存的渔民共同体或资源型社区，它拥有独特的海洋生存方式和属于渔民群体的海洋文化。渔民对于渔村和海洋具有强烈的归属感和认同感，渔村是他们获得自我认同和社会认同的物质载体，也是渔民的精神家园。① 随着工业化、城市化和市场化的进程，海洋渔村社区也处在变迁的过程之中。这种变迁具体表现为，渔村产业结构的转型、渔民的转产转业以及由此带来的海洋渔村文化变迁和人际关系转变。

（一）渔村产业结构转型

早在城市化潮流尚未波及渔村之前，渔村主要是半种植半渔业的集合体，其中主要以渔业为主；随着城市化的到来，海洋渔村的渔业逐渐由捕捞开始向养殖转变，同时，渔村出现了与渔业相关的第二、三产业。近年来，近海捕捞产量增幅下降、渔货质量下降，中国渔业开始大力发展海水养殖，积极开发远洋捕捞。由于海水养殖业的发展，中国海洋渔业结构发生了巨大的变化，从过去的单一的以捕捞生产为主发展到养捕并重，海水

---

① 王书明：《海洋人类学的前沿动态——评〈海洋渔村的“终结”〉》，《社会学评论》2013 年第 5 期。

养殖在海洋水产品总产量的比重在逐年提高。[①] 相关数据表明，1953 年海水养殖占海洋水产品的比重为 6.3%，到 1978 年则上升为 12.5%，到 2004 年这一比重已达到 47.6%，在 2010 年海水养殖产量超过海洋捕捞产量。海水养殖的对象主要是鱼类、虾蟹类、贝类、藻类以及海参等经济动物。海水养殖能够集中发展某些经济价值较高的鱼类、虾类、贝类及棘皮动物（如刺参）等，生产周期较短，单位面积产量较高。海水养殖的发展一方面增加了渔业资源的产量，使海产品供给不足的情况有所改观，另一方面，传统捕捞业也因此面临衰落，那些依靠打鱼为生的渔民逐步退出了历史的舞台，取而代之的是从事养殖渔业的新式渔民。然而，捕捞业并没有因此消失，在现代先进捕鱼技术的支持下，捕捞渔业实现了自身的转型。捕捞专业队伍壮大，捕鱼方式更加高效、捕捞数量更大、捕鱼的范围更广，从而使远洋捕捞成为可能。总的来说，海洋渔业转型是从"传统渔业"向"现代渔业"的转变。

渔业转型也催生出了一批与渔业有关的第二、三产业。海产品具有两方面的特性：一方面，海产品可以直接购买和食用，另一方面，它可以作为工业原料进行加工、包装，以更高的价格向更远的地方销售。近年来，由于渔业资源的减少，而内陆对海产品的需求却日益旺盛，渔民依靠单纯的捕鱼收益减少，因此渔村延长了渔业的产业链，渔村出现了许多海产品加工厂、水产品公司等第二产业。王启顺对齐王岛的研究表明，在海水养殖业的支持下，齐王岛加快发展海参加工业，实施品牌带动战略，积极申报齐王岛海参商标注册权，并且与海昌水产食品有限公司及德润水产有限公司建立了长期的合作关系。[②] 由于传统捕捞渔业已达到最大产量水平，发展水产养殖成为填补水产品供需缺口的重要途径，与此同时，发展水产品加工也是延续我国渔业发展的重要方向。水产加工和综合利用的发展，不仅提高了资源利用的附加值，而且还安置了渔区大量的剩余劳动力。近年来，随着国内旅游市场的发育，渔村出现了大量的休闲渔业，如渔家乐、海滨度假村、旅游区。休闲渔业的出现是传统渔业向现代渔业的一种转变

---

① 宋立清：《中国沿海渔民转产转业问题研究》，博士学位论文，中国海洋大学，2007，第123 页。

② 王启顺：《海岛开发与渔村变迁——关于齐王岛的个案调查》，硕士学位论文，中国海洋大学，2013，第 24 ~ 25 页。

方式，也是现代人对休闲娱乐的需求，同时，休闲渔业也能够吸纳渔村大量剩余的劳动力。

（二）渔民转产转业

渔民的转产转业主要由于渔村产业结构发生变化。一方面，渔民的转产转业是应对海洋生态环境恶化、渔业资源过度利用和国际海洋渔业资源管理体制的演变三重约束的必然选择；另一方面，随着捕捞技术的进步和捕捞工具的完善，渔业所需要的劳动力数量下降，这些渔民不得不寻找新的就业出路。从空间上来看，大量的剩余劳动力开始由渔村向城市转移；从行业间来看，渔民由捕捞渔业向养殖渔业、加工、服务等第二、三产业转移，一些渔民实现了由渔转商或是由渔转工。李艳霞对青岛市的调查表明，在受访的 20 余户渔民中，60% 已实现转产转业，这些已实现转产转业的渔民，58% 出去打工，42% 自主创业，所从事的领域都是服务业。除自主创业人员外，打工者普遍因为工资待遇较差而对现有职业的满意程度较低。[1] 由于渔民所从事的领域从原来的单一捕捞转变为现在的养殖、外出打工、从事服务业等多个方向，因此，收入差距也开始拉大，原来的渔民群体开始分化为不同的阶层。随着改革的深入和市场化、城市化进程的加快，渔民内部开始出现明显的职业分化和身份转换，很多渔民成为低收入渔工，从事产业底层的体力劳动，社会地位逐步边缘化。[2] 少数渔民从事餐饮、旅游等服务业，较好地抓住了变迁的时机，迅速实现了自身的发展，使自身的社会地位有所提高。总的来说，依然生活在渔村社区的"村民"所从事的工作与海洋渔业生产已没有直接的联系，渔民的转产转业使原来从事单一捕鱼行业转向了各行各业，他们的各自社会地位也因此发生了很大的变化。

（三）渔村文化变迁

随着手工渔业被工业渔业所代替，传统渔村社区开始转变或消失，从

---

[1]　李艳霞：《中国"失海"渔民转产转业的现状及支持路径——基于青岛市的调查》，《经济研究导刊》2013 年第 35 期。

[2]　同春芬：《海洋社会变迁过程中海洋渔民的地位变迁初探》，《中国洋洋社会学研究》2014年第 2 期。

事传统渔业生产的渔民也开始转产转业，传统的渔村文化面临传承危机，一部分面临着消失，另一部分逐步地被商业化。传统渔村的消失不仅是渔民生存家园的消失，更重要的是使村民的精神和文化传统继承、保持和发扬中断，本地的民俗文化传统大量消失。这一点和传统的农村社区的消失有着相似之处，随着农民耕地的减少，一些求雨、祭天的文化习俗也不复存在。徐龙飞对青岛近郊渔村社会变迁的研究表明，渔村的传统文化正消失在都市化的浪潮中。这些渔村的有着丰富的非物质文化遗产，如"地秧歌"、高跷等，每逢过年（春节）、赶庙会，渔村里都会有热闹的演出。渔民们有着自己的生活方式和文化特色，村里的渔民村妇包着红色的围巾，在村头织补渔网，她们的脸由于常年被海风吹拂，红红的，给人一种很质朴的感觉，她们的头顶上是晴朗的天空，不远处是蔚蓝的大海。① 在城市化的进程中，这些传统文化已经失去了赖以生存的土壤，取而代之的是现代都市文化。

随着传统渔业的转型和渔村第二、三产业的出现，渔村文化的性质发生了变化。传统的渔村文化产生于渔业生产和渔民生活之中，包括物质生活、生产制度和精神生活三方面内容，具备乞求平安、自我娱乐等功能；而今，渔村文化依托于渔家乐、渔村旅游区等服务业，其功能上更加突出商业色彩。宋宁而对青岛胶东祭海仪式变迁的研究表明，随着时代的发展，田横祭海节的功能发生了变化——由海神崇拜转向休闲娱乐。② 田横祭海节的变迁表明了当地渔村文化的内涵已经发生了变化，其存在的价值不再是对海神的崇拜和对平安的乞求，更多的是受到商业利益的驱动。韩兴勇对金山嘴渔村的研究则肯定了这些变化的积极意义，金山嘴渔村利用渔业文化资源，发展风景旅游区，开展多种特色经营，还开设了渔村博物馆、渔具发展史等颇具海洋特色的展厅。③ 传统的渔村文化依托现代旅游、娱乐等第三产业，实现了自身的转变，成为商业文化的组成部分，获得了新的发

---

① 徐龙飞：《青岛近郊渔村社会变迁之研究》，硕士学位论文，山东大学，2008，第 46 ~ 47 页。

② 宋宁而、范晴：《胶东祭海仪式变迁——以田横镇黄龙庄祭海节为例》，《浙江海洋学院学报（人文科学版）》2013 年第 6 期。

③ 韩兴勇、刘泉：《发展海洋文化产业促进渔业转型与渔民增收的实证研究——以上海市金山嘴渔村为例》，《中国海洋社会学研究》2014 年第 2 期。

展，同时也促进了海洋渔村的发展。

（四）渔村人际关系变化

随着渔村产业结构的转型，传统渔民由原来的捕鱼者转变为养殖者、渔工、进城打工者等多种不同的角色，渔民的地位也因此发生了分化，少数渔民步入了社会的上层，成为地方上富裕的老板或企业家；而大多数的渔民收入微薄，社会地位相对下降。由于不同身份地位的变化，人与人之间的关系也发生了变化，不再像以往那样的亲切真诚，邻里之间质朴的情感日益淡化。渔业产业转型带来的职业分化使渔民职业差异明显，渔民有的外出打工，有的自家经营旅馆、饭店，有的依然从事传统渔业……渔村居民之间的共同话语逐渐减少，人与人之间的交往不再密切，因此逐渐变得冷漠。

渔业由捕捞向养殖方向的发展，以及集体经济和工商业的出现，本地人逐渐放弃了比较辛苦而又充满风险的海上作业，受经济利益的驱动，越来越多来自中西部较贫苦的外地人进入当地从事海洋渔业，外来人口对本地的生产生活带来了明显的影响，本地人和外地人之间的矛盾也越来越突出。这种冲突突出地表现为对待海洋的价值观上，本地人作为"原生态渔民"，对海洋有一种爱护情感，能够清醒地意识到海洋资源枯竭问题，因此在渔业生产上对海洋的索取是有节制的，能够遵循海洋生物繁殖生养规律，所使用的工具也会避免影响到生物的持续生存；而外地渔工缺乏对海洋的情感，目的就是获取最大的利益，对海洋只是一味地索取。[1] 此外，外地渔工尽管从事渔业生产，但并不认同自身渔民的身份，本地渔民也同样不认为外地渔工属于当地的渔民。

二 海洋渔村的发展方向

在城市化的影响下，海洋渔村渔业转型表现出多元化的特点，因此，海洋渔村转型也应当有多元路径，渔村社区也应当是朝着多样化的方向发

---

[1] 唐国建：《海洋渔村的"终结"——海洋开发、资源再配置与渔村的变迁》，海洋出版社，2012，第 96 页。

展。随着传统渔民的身份和海洋渔村的共同特征的消失，传统的海洋渔村也有可能消失在现代化前进的历程中，海洋渔村社区的发展应当综合考虑各种因素，因地制宜地发展，而不应该是千篇一律地转为城市社区。依托当地的资源优势，海洋渔村可以发展成海产品加工基地，可以发展成生态旅游渔村，也可以继续保持原始风貌。

渔业问题是渔村发展问题的根本，解决好渔业发展问题才能解决渔民的就业、渔村文化的传承和发展以及渔民人际矛盾问题。发展高效生态渔业是实现渔业现代化的必由之路，也是提供生态、健康水产品的必然要求。生态渔业的发展离不开良好的生态环境、明确的渔业产权、合理的渔业产业结构。① 因此，改善渔业发展环境，保护海洋生物生长环境，厘清渔业产权，促进渔业产业结构调整，延长产品加工链对实现渔业现代化有重要意义。也应大力发展观光旅游业、休闲渔业等第三产业。随着生活水平的提高，人们对休闲、旅游产生了更大的需求，发展休闲渔业等第三产业能够很好地迎合当前市场的需求。充分利用渔村自身的渔业资源，发展垂钓、观光旅游、餐饮等第三产业，不仅能解决渔民的就业问题，也能够促进海洋渔村文化的转型和传承。通过发展观光旅游业、休闲渔业等第三产业，能够进一步促进渔民增加收入，提高渔民的生活水平。加快渔业剩余劳动力转移，促进渔民转产转业。鼓励渔民发展养殖渔业、从事第二、三产业，同时促进大量剩余劳动力向城镇转移。邴绍倩提出，要解决渔业劳动力人口的就业问题，根本上还是要促进渔业剩余劳动力的流动，引导渔业过剩人口向城镇劳动力转化。② 促进渔业剩余劳动力向城镇的转移，能够加快城镇的发展，加快转入地城市化进程。有选择地保护传统海洋渔村。海洋渔村作为传统村落的一种，是历史长期发展的产物，具有自身的文化特色和魅力，例如胶东地区沿海渔村的海草房，墙厚顶软、冬暖夏凉，是胶东地区具有代表性的渔村建筑形式。在现代文明的影响下，传统渔村村落亟待有效地保护。普通的传统民居在其平凡的外表下，往往蕴含着深邃的中国传统文化，从装饰细部、院落组织到街巷村落，无一不显现出几千年来的文化积淀。保护传统海洋渔村村落对研究渔村历史文化、开发渔村有着重

---

① 王书明：《海洋渔业转型与政府职能定位》，《中国洋洋社会学研究》2014 年第 1 期。

② 邴绍倩：《中国渔业劳动力城镇化迁移问题的研究》，《上海海洋大学学报》2005 年第 2 期。

大意义。在城市化快速发展的过程中，不仅需要发展现代渔村，也需要保留传统的渔村村落，要选择历史文化价值较高的渔村村落加以保留，对于一些边远的渔村村落，要尊重他们的生产生活方式。

三 结论

当前关于城市化对村落影响的研究，多集中于城市化对土地型村落的影响，而研究城市化对海洋渔村影响的文献相对偏少。海洋渔村与土地型村落在资源利用类型上明显不同，海洋资源作为海洋渔村的主要的生产资源，属于一种公共资源，其归属性的不确定使得渔村的发展问题变得复杂。渔业是农业中的一大类，渔业的稳定关乎国家的稳定，在当前新型城镇化的背景下，研究海洋渔村变迁的路径和未来发展方向是极其重要的课题。

在当前新型城镇化背景下，海洋渔村的变迁是一个由农村社区转向城市社区的过程。海洋渔村的变迁不仅是地理面貌的简单变化，而且是一个深层次的变化过程。中国自1990年以来，城镇化进入高速发展期，人们对海产品的需求量日益增大，过度捕捞使渔业资源面临枯竭。因此，海洋渔村渔业面临着产业结构转型，由单一捕捞渔业转向以养殖渔业为主。2010年，我国海水养殖产量超过海洋捕捞产量。养殖渔业大大增加了海产品的产量，为海产品加工厂等第二产业的发展提供了支持，另外，以渔业为基础的旅游、休闲产业也蓬勃地发展起来。由于渔业产业结构转型造成的大量剩余劳动力，一方面涌入城市，为城市的现代化建设做出了贡献；另一方面投入当地的第二、三产业，有的成为当地企业的工人，有的成为小老板，身份地位都发生了变化。伴随着渔民职业的分化，收入也有所不同，彼此之间的联系也逐渐减少。由于外来人口的进入，他们与本地人在价值观有所不同，本地人和外地人之间的矛盾也越来越突出。随着传统渔村社区的消失，手工渔业被工业渔业所代替，从事传统渔业生产的渔民也开始转产转业，传统渔村文化失去了生存的土壤，一部分逐渐消失，另一部分逐步地被商业化。这是值得学者关注和研究的课题。

城市化是历史发展的必然趋势，是现代化的必由之路。海洋渔村的发展路径是多元化的，一方面，要适应当前新型城镇化建设的时代潮流，加快渔村产业结构转型，促进渔民转产转业和剩余劳动力向城市及第二、三产业的转移，将传统渔村社区发展成为现代渔村社区；另一方面，要有选择性地加强对传统渔村村落的保护，尊重当地的生产生活方式，这对于研究渔村发展历史和保护中华民族传统文化具有重要意义。

（责任编辑：孙瑜）

中国海洋社会学研究
2016 年卷　总第 4 期
第 110～119 页
© SSAP, 2016

论偏远渔村的空间转向与空间重构

——以舟山市葫芦岛村为例

王建友[*]

摘　要：本文以一个偏远渔村——舟山市普陀区葫芦岛村为例，分析该偏远小岛渔村从改革开放以来发生的社会变迁，利用空间转向作为该岛社会变迁的切入点，观察葫芦岛村在社会变迁中生产、生活、社会交往、公共服务、社会组织等方面的空间转向，描述基于渔业资源变化及政策的原因，迁出村民及留守小岛老年村民所进行的空间重构，揭示一个偏远小岛渔村由繁荣到衰落的过程、原因及未来展望。

关键词：偏远渔村　空间转向

空间转向主要是指人们生活和生产中的空间具有社会性。[①] 在很多人看来，"一方水土养一方人"与"空间"这个变量不无关联。显然，一个人的性格特征、生活方式以及思想观念等，会受到其出生或成长的地方的地理位置、物候环境等空间因素的影响。就这一层面来说，"空间"理应成为一种解释社会的路径和理论。[②]

一　葫芦岛村的地理空间位置

葫芦岛位于普陀山东面，与莲花洋隔海相望，总面积 0.98 平方公里，

---

[*]　王建友，浙江海洋学院副教授，主要研究"三渔"问题。

[①]　强乃社：《空间转向及其意义》，《学习与探索》2011 年第 3 期，第 14～20 页。

[②]　郝日虹：《中国社会学的"空间转向"值得期待》，《中国社会科学报》2015 年 5 月 15 日。

没有平地。葫芦岛村位于葫芦岛上，全村共有 4 个自然村，10 个村民小组，系纯渔区。原为一乡一村，2001 年成立葫芦社区，隶属东港街道管辖，形成"一村、一社区、一经济合作社"的模式。辖区现有在册总户数 700 多户，在册居民 2000 余人。平时仅有数量有限的老年人、残障人及少量幼儿在村里居住，鱼汛时节不时有渔船稍驻以置换渔具等。

二　"小岛迁，大岛建"的空间转向大政策

（一）"小岛迁，大岛建"政策

20 世纪 80 年代中后期，舟山市委、市政府提出"小岛迁，大岛建"的发展战略，政策项目实施对象为列入规划的生产生活条件较差、发展潜力有限、整村整户迁往城镇或周边经济大岛的悬水小岛渔（农）民。

舟山市"小岛迁，大岛建"的政策按照"经济社会环境协调发展的生态移民，人口迁移与国防建设相兼顾，人口迁移规模与财政补助能力相适应"等项原则，采取政府引导与小岛居民自愿迁移相结合、整体迁移与家庭散迁相结合、小岛人口迁移与渔（农）民转产转业相结合、小岛人口迁移与大岛基础设施建设相结合、小岛人口迁移与小岛开发利用相结合等方法。

（二）"小岛迁，大岛建"方式

"小岛迁"的主要方式：一是家庭自主零星迁移。在"小岛迁，大岛建"战略的实施过程中，约有 90% 以上的小岛居民是通过这种方式迁入大岛的。二是整体迁移。集中力量加强大岛建设，积极开展整岛、整村、整岙①迁移等工作，扩大基础设施共享度，改善自然条件恶劣、人口稀少小岛上的居民的生活、生产环境。有 10 多个小岛通过上述方式实施整岛迁移，如定海区的峙中山，普陀区的小双山，岱山县的黄泽山等岛屿。三是利用岛屿、港口开发的契机，政府统一组织开发性移民，如对马迹山、外钓山、梁横、薄刀嘴等小岛实施的整岛迁移。

①　岙，ào，在浙江、福建沿海指山间平地。

（三）配套政策

浙江省人民政府根据《关于舟山市各县（区）"小岛迁，大岛建"工程项目的批复》，于 2011 年出台《浙江省"小岛迁，大岛建"工程项目与资金管理办法》，将"小岛迁，大岛建"和扶贫工作相结合，和浙江省下山移民及"千村示范、万村整治"工程相结合。

舟山市出台了在大岛集中安排建设保障性安置住房、建立小岛居民迁移专项补助资金、强化迁移居民的基本公共服务、开发利用小岛资源补偿原居民等办法。同时，市、县（区）两级建立小岛居民迁移专项资金，对迁移居民予以政策扶持。凡规划迁移的小岛居民，在大岛购房落户的，免收或减收城市建设附加费或其他配套费用，并提供一定的迁移资金补助。舟山市将迁移劳动力纳入城区就业服务体系，免费开展职业技能培训，对在城区经商办厂的小岛居民给予税收、信贷等方面的政策优惠。迁移居民在户籍、子女入学、最低生活保障等方面享受与迁入地居民同等的待遇。同时，舟山市进一步完善经济大岛的水、电、路、交通、教育、卫生等基础设施建设，增加就业岗位，确保小岛居民"迁得出、住得牢、富得起"。

（四）"小岛迁，大岛建"政策的整体实施效果

"小岛迁，大岛建"政策对合理集聚海岛生产要素、促进主要大岛开发、提高海岛居民生活水平、加快推进海洋经济，发挥了重要作用。政策发展十多年来相继进行了部分乡镇机构的"撤、扩、并"，在加快机构改革步伐、节约基本建设上的人力、物力、财力等方面也起了重要作用。如通过乡镇撤并精简机构，政府财政开支负担大大减轻；通过撤扩学校，提高了教育质量，优质教育资源实现最大限度共享；通过集中基础项目建设，重复建设项目大大减少。群众迁移加速了城市人口集聚，城市化建设进程不断加快，城市规模得以扩大。"小岛迁，大岛建"较好地破解了部分渔（农）村生产生活要素离散、岛屿分散、基础设施共享性差等难题。

三　葫芦岛村的空间转向

因为政府没有将葫芦岛纳入"小岛迁，大岛建"范围之内，没有要求

群众迁移，所以对该岛迁移的群众也没有帮扶政策，但事实上葫芦岛上群众移民了，甚至可以说是整岛移民了，只不过这种移民既是自发的又是"被迫的"。

（一）子女就学转向

1984～1996年，伴随着渔业的兴旺发达，葫芦岛村村道完善，人口密集，拥有渔船156只，户籍人口2960人，外来人口1400人。村里有卡拉OK厅和舞厅，撤并之前是舟山市近海渔业较为发达的村，岛上渔民生活富裕，有"小上海"之称。

部分船老大为了子女上学向沈家门东港移民。在东港大规模围海造地扩展城区，吸纳外来人口时，一部分先富裕起来的船老大为了改善子女就学条件，开始陆续在东港买房迁出户口（当时的政策是只有买房才可以迁户口，否则需要向学校缴纳3000元/学期的借读费）。1988～1999年渔民买房还无法按揭，只能付全额现金，所以只有少部分渔民能够买房迁出户口。

葫芦岛村小学被撤销。随着越来越多的小学生出外就学，政府为了节约办学成本，于2003撤掉葫芦岛村小学，师生合并到东港小学。

（二）渔业生产的空间转向

由于船老大带头向城区移民，加上渔船及渔民生产活动的漂移性，大渔轮带来的生产方式变化（钢制渔船，马力大，需要特定码头），渔船的社会化生产（马力大了之后，需要船长、大副、二副、三副、轮机长、大管、二管、三管等船员，乃至厨师等人员，这些人员配备齐了，各司其职、齐心协力，才能把船开动。据笔者调查，一艘120马力的渔船最起码需要12名船员，否则无法开动），加上渔业资源是漂移的，当船长移民沈家门，其他船员基于"业源"也陆续到沈家门东港买房、租房。这使得葫芦岛村渔民逐渐向东港移民。

（三）公共设施和公共服务空间转向

2001年，葫芦乡撤并成东港街道葫芦社区，岛上的政府机构、医院、信用社、粮店等相关服务单位相继撤迁。除了乡干部、村部分工作人员并入东港街道成了真正的城里人外，对于岛上居民少有妥善安排。岛上没有了学校，适龄儿童全部进城就读，于是年轻的妈妈们只能陪读，自然渔民"拢洋"也很少直接回葫芦岛村，青壮劳动力几乎全部迁移到了城区。岛上仅一名社区医生留守值班，只能解决岛上居民的小病小灾，真要有什么大病就不得不进城就医。单是学校和医院的停办，就迫使岛上居民不得不外迁，岛上人少了，班轮也由原来的一天一班改成两天一班了，现在是每星期 4 班，班轮在岛上停留时间也相应减少了，出个岛就更不方便，要是遇上特急的事或重病又没有班轮，岛民更是难上加难。这都使得岛上更不适合住人了。

葫芦岛移民是在没有什么优惠政策的情况下分散地自寻出路的，这种"被迁移"导致群众心里有各种不满情绪。

四　葫芦岛村"村民"新空间的重构

（一）葫芦社区的迁移空间重构

2001 年葫芦社区在东港异地设立。开始是租房子，至今已经换了 5 次，直到 2013 年，普陀区政府为其提供一套位于东港街道永兴村的民房作为办公地点。葫芦社区目前有 7 名正式工作人员，包括大学生村干部 2 名，此外葫芦岛村党支部、村委、经济合作社等机构也在社区办公，目前是三套班子一套人马。

社区提供的服务。一般是社区干部打电话联系村民，包括：移民办手续、政策咨询、各种村民证明、矛盾调解、困难救助、渔业培训、安全培训、妇女就业培训。社区干部工作时间长，需要完成上级下派的各种工作任务，往往身兼数职，尤其是计划生育工作的难度大。

（二）迁移村民基于业源、地缘的空间重构

目前葫芦岛村有居民 2000 人左右，在沈家门、荷外、东港、校场、外荷口、鲁家峙、平阳浦分散居住，有 55% 的人口靠租房。而且随着城区房租的扬升，这些村民越来越向郊区转移，居住越来越分散。

就业空间重构。男劳动力由过去的单纯从事海洋捕捞业，转型为从事各行各业，仍旧从事渔业生产的只有 500 人，其中 20 岁以下 2 人，20~30

岁 5 人，31~50 岁 10 人，其余是 50 岁以上的，传统渔业从业人员年龄已经趋近老龄化。女劳动力就业充分，从事酒店、餐饮服务业，但是工作辛苦、报酬低，随时面临失业危险。

村民交往圈子的异地重构。船老大、轮机长、普通渔民、村民一般在荷外（沈家门渔港区域）聚集，交流信息。村民基于业缘和经济条件持续保留原来的联系（比如船老大会在一起吃喝，交流信息，联络感情）。同时，村民由于新的经济条件也出现了社会分化，在陌生的新场域重新连接，形成某个"圈子"，村民通过保持圈子，交流各种信息，寻求安全感。

家庭、婚姻的重构。随着新的生产生活空间的变换，离婚率在上升。该村有 106 个 40 岁以下的成年男性单身，因而存在社会稳定问题。

（三）居住环境的重构

2001 年前葫芦岛乡政府所在地是当地的政治、经济、文化中心，岛上的居民当时也比较富裕，大多数居民投入 5 至 10 万元，于 80 年代末至 90 年代初在葫芦岛上建造起了 2 至 3 层的小楼。

目前，葫芦社区 700 多户中有 400 户靠租房生活，近 200 户为买房居住，还有 100 多户在葫芦岛居住。400 户租房年支出达 200 万元，还不包括卫生费、水电费、租房等支出，致使居民生活水平下降。

信息不对称致使大部分迁移村民无法安居。迁移前，沈家门的房价也就是每平方米 800~1000 元，如果当时事先有"小岛迁，大岛建"的消息，也不会造成今日 400 户居民靠租房生活的情况。2001 年初乡镇撤并，葫芦岛乡编入东港街道的一个社区，如今沈家门的房价是每平方米 6000~7000 元不等，但对这些长期以渔业为生的居民来说，高房价使移民拥有自己的房子几乎成了幻想。

（四）收入水平重构

葫芦社区现有居民 2000 多人，700 多户，共有大小船只 60 条，从事捕鱼为生的有 300 多户家庭，从事运输行业的有 50 户，其他居民多从事商贸服务或加工业。据了解葫芦社区人均收入为 11600 元，而拥有渔老大称号的人员不过 40 人，渔老大年收入为 15 万元至 18 万元，与之相比较，以捕鱼打工为生的渔民每户年收入 2 万至 3 万多元不等，收入相差很大。

（五）基础教育的重构

葫芦社区 700 多户中，有 100 余名学生定点到东港小学就学，部分群众在定点学校附近租不到房子，考虑到子女的安全问题，只有到较远的地方租房或择校花借读费读书。同时，按照舟山市的规定，纳入"小岛迁，大岛建"政策的学生可以减免借读费，由于葫芦岛村没有被纳入计划，所以这些学生没有获得这个政策带来的好处，甚至个别经济困难家庭放弃了子女就读的机会。

五　葫芦岛本岛的社会重构

（一）留守老年村民生产、生活重构

出于经济条件生活习惯等原因，许多老年村民留守本岛，到 2015 年留守岛上的常住人口约有 200 多人，基本上是 60 周岁以上的老人。在城区租房的葫芦社区居民自己都居无定所根本没有能力带上老人，为了给子女减轻压力，老人也默默地选择在缺医少药连日常蔬菜供应都成问题的岛上生活。至于已购房的居民，大部分也因为所购房子面积较小，只能留老人在岛上生活。

（二）老年村民没有社保、医保

第一，岛上老人无社保，生活质量低。养老仅靠政府"以奖代补"的每月 100 多元（70 岁以上 125 元/月，80 岁以上 155 元/月，90 岁以上 175 元/月）及子女资助养老。第二，在老年阶段疾病增加的情况下，岛上老人没有医保，医药费靠自负，医疗费远远超过生活费。

（三）社会基础设施的维持与重构

虽然劳动力全部外出，但因为岛上有老人和个别特困户居住，必要的基础设施不能缺少，所以近几年，葫芦社区并没有因为岛上人烟稀少而减少改造和维护基础设施的支出。2007 年岛上电网改造投入资金 18 万元，广播电视改造投入资金 15 万元；2008 年，除了托老所扩建投入资金 38 万元外，老年活动中心、村办公楼装修也投入资金 28.3 万元，为了给留在岛上

的居民创造一个好的生态环境，当年还投资 8 万元用于改建两个生态公共厕所；2009 年，岛上整理 160 亩荒草地就投入资金 160 万元，还为居民新增两套健身器材；2010 年更是投入 61.3 万元用于沙塘建设，投入 63 万元用于生活污水治理、村道混凝土新浇、码头维修，投入 5 万元用于修复因地质灾害影响的村道，投入 2.5 万元用于四处危房维修，投入 5 万元用于山林绿化。假设不实施"小岛迁"工程，居民不外迁，用于基础设施改造的资金也不过如此。这些资金的投入，从人文上、社会效益上说是必需的，而且现实中只要没有实施整体迁移，这些基础设施的增添、维护就是必需的，也都是当地政府义不容辞的责任，但从经济上说其性价比实在不够高。

（四）社会服务的重构

电力运行服务，需要电力公司专门配备 2 ~ 3 人维护线路，维护 150 盏路灯，而且电费收入尚不抵工人工资开支；交通船服务，班轮由过去一天一班改为每星期 4 班，每年亏损 30 万元，需要普陀区政府补贴才能维持运转。

（五）老人养老的重构

渔村和一般农村一样，老人养老主要靠家庭养老。但是葫芦岛村的情况是，老人主要依靠自己，部分依靠托老所。葫芦社区 2004 年筹集资金，利用废弃的学校房舍，在岛上办起了托老所，颐养年高病弱的孤寡老人。低廉的近乎象征意义的收费、优质的服务，使得岛上老人争着想入住托老所。但由于东港街道经费有限，劳动力外出后村级经济更是捉襟见肘，托老所根本无法满足岛上老人的入住需求。虽然 2008 年东港街道和葫芦社区多方筹资 50 多万元扩建了托老所和老年活动中心，但是也只能容纳 51 位 70 周岁以上的老人入住。

六 关于偏远渔村空间转向与社会变迁的简短结论

（一）偏远渔村的空间衰败的逻辑：渔业—渔民—渔村正负反馈链

偏远渔村的生产、生活空间高度依赖渔业，是自然资源依赖型乡村。

偏远渔村一般交通不便，除了渔业资源就没有其他资源，如葫芦岛缺乏淡水，居民吃水主要靠收集雨水，缺乏平地，没有滩涂。

在整个渔村生命周期中，渔村和渔业的兴亡休戚与共。一旦偏远渔村依赖的渔业资源发生不可逆转的趋势，渔业—渔民—渔村内生的运转逻辑就会发生全局性变化，即"渔业兴渔村兴、渔业亡渔村亡"。

（二）学校是渔村生存的重要生活空间，撤并学校撤走了渔村的灵魂

首先，学校是渔村的灵魂，只要有学校存在就有生机和活力。"小岛迁，大岛建"公共政策的实施，首先改变了学校的生存空间，无论重建还是撤并学校都对渔村的生产、生活空间转向带来关键影响。其次，"小岛迁，大岛建"公共政策变迁对偏远渔村的空间衰败具有催化剂的作用。

（三）地方政府出于改善渔（农）村生活条件的目的出台了"小岛迁，大岛建"政策，但是该政策加速了偏远渔村的衰败

一方面，"小岛迁，大岛建"举措的重要意义与作用显而易见，另一方面，在筹划和实施"小岛迁，大岛建"过程中也存在一些问题。如果在捕捞渔业繁荣时，提前对偏远渔村进行政策规划，偏远渔村渔民可能就不会将所有收入投入本村的建房活动中，有效利用资源，减少空间转向的成本。同时，有些岛相对较大，经济条件较好，基础设施完备，在"小岛迁"的实施过程中尤其因为学校和医院的停办而导致青壮劳动力加速出岛，岛上只剩下一些老年人，老龄化问题突出，这加速了村庄的衰败。

（四）偏远渔村空间衰败给社会发展带来的影响还在持续发酵

村集体经济的没落。原来的村集体经济依赖于渔船上交的管理费（集体承办渔船各类证书、事故处理），1998 年多数渔船迁移到沈家门渔港，村集体因此没有收入。

渔村生产、生活的传统难以传承。渔民的第三代已经不从事渔业生产，他们已经转变为新市民。随着生产、生活空间的转向，他们已经不接触渔业生产，因此渔村社会传统、渔业生产技能的传承出现断裂。

（五）偏远渔村的空间衰败是整个沿海地区工业化、城市化的一个组成部分

工业化、城市化的本质是人口的空间再塑造的结果。随着沿海地区工业化、城市化的发展，特别是工作机会的聚焦，在工业和城市的双重引力作用下，人口和产业向城市集中，那些交通不便、公共服务不完备的渔村必然走向衰败。

（六）偏远渔村再生的可能性就是发展家庭民俗业

整体移民，异地集中安置；像葫芦岛这种近期无开发计划的岛屿，一旦实现整体异地安置，那么小岛无疑成了"死岛"，岛上的住房毫无使用价值，而且会因无人照料年久失修而倒塌。

发展民俗旅游。海岛拥有得天独厚的港口、岸线等自然资源。有些岛屿发展起了民俗旅游，如东极岛、蚂蚁岛、登步岛等。在"小岛迁"初期也有部分居民随着学校的停办而迁移，但这些岛毕竟还存在乡镇建制，外迁的居民多以伴读的妇女为主，岛上还留有大部分人口。后来随着这些岛相继开发旅游业，外迁的居民又回到岛上办起了家庭旅馆等，做到了"家家无闲人，户户增收入"，但并非所有的小岛都能在近期得到开发利用。

总之，偏远渔村的衰败乃至消亡可能只是时间问题。

（责任编辑：隋嘉滨）

渔村社会管理

中国海洋社会学研究

2016 年卷　总第 4 期

第 123～134 页

© SSAP, 2016

从《问俗录》看县官对海疆乡村
社会的管理

王亚民 *

摘　要：中国两千多年的封建时代，国家对乡村外部的宏观管理始终是通过县官群体而实现，大多数的县官为完成考成之责而依法施政治民。清代道光年间，面对难治的福建乡村社会，县官陈盛韶大力进行整治而成效显著；陈盛韶对海疆乡村的管理不仅凸显地域特征，带有近代萌芽性质，而且不乏现代启示。

关键词：《问俗录》　县官　海疆　乡村管理　现代启示

绪论

中国两千多年自给自足经济占据主导的封建时代，城市化水平十分低下，以市镇为中心的乡村社会始终是国家管理的重心所在，县官①因处在国家官僚体系后端而具有施政实治的功能。尽管县官大部分时间留在县衙，其精力主要是用来获得上级赏识而试图升迁；尽管县官群体中不乏贪官污

---

* 　王亚民（1973～），吉林师范大学东北史地研究中心研究员、博士后，硕导兼博导组成员，研究方向：清代东北历史地理与晚清思想文化史。

① 　县官定义有狭义与广义两种，这里是狭义的县官概念，亦即县、散厅、散州县级行政长官的简称；宋代之前"县令"是县官主体，宋代之后"知县"是县官主体。清代县官主要包括知县、散厅同知与散州知州，他们均有不同人数的私人幕僚（幕友、长随等）。

吏，有的受到惩处，有的却逍遥法外，但是县官及其佐治官员①中的大多数，为完成钱谷刑名、治安、教化三项考成之责②而依法施政治民，在县域范围内从宏观上掌控着广大而分散的乡村社会，从而实现中央集权制的政治国家对乡村社会外部的宏观管理。有关传统县官对于乡村社会的重要性，史载："牧令为亲民之官，一人之贤否关系百姓之休戚，故自古以来慎重其选。"③ 黄宽重先生认为，我们在看到南宋以缙绅为代表的地方势力在乡里各种事务中发挥作用的同时，不要忽视地方行政长官——知县的重要性，即使由于他们个人的贤愚、贪廉之别对地方吏治造成极大的差异而对其有截然不同的评价。④ 杨国桢先生指出，我国传统乡村管理资源包括乡村内部和外部两部分，以知县为代表的县级官府是两者的交汇点，知县施政的理念和实践是影响乡村社会发展与稳定的重要因素。⑤

在清代乡村社会管理研究领域，在"眼光向下"研究范式的主导下，学界主要从微观管理视角，关注乡村社会内部差役、乡约、保甲、里甲、团练、绅士、家族、耆老、讼师、青苗会等各类民间组织与权势阶层的作用，有关县官佐治官员对基层社会管理的研究亦渐成趋势，⑥ 但对乡村社会外部县官宏观管理的探讨则较为薄弱。⑦

陈盛韶（1775～1861）湖南安福人，道光三年（1823 年）进士，出任

---

① 县官佐治官员主要包括县丞、主簿、典史与巡检等；各县由于官缺不同，佐治官员配置各异；一般而言，伴随着最要缺、要缺、中缺、简缺的顺序，县官佐治官员的配置由多至少。

② 王亚民：《知县蓝鼎元与乡村社会的教化》，《中国社会历史评论》2007 年第 8 期，第 350 页。

③ 许乃普：《雍正八年三月四日上谕》，《宦海指南·钦颁州县事宜》，光绪十二年荣录堂重刊本，一六八五年三月四日，卷首第 1 页。

④ 黄宽重：《从中央与地方关系互动看宋代基层社会演变》，《历史研究》2005 年第 4 期，第 117 页。

⑤ 王亚民：《蓝鼎元的乡村治理思想与实践研究》，光明日报出版社，2009，第 1 页。

⑥ 拙文《陈盛韶乡村管理思想的近代萌芽》部分，对"县官佐治官员与基层社会管理"研究动态略作梳理。

⑦ 这方面的代表性论著有：张研：《清代县级政权控制乡村的具体考察——以同治年间广宁知县杜凤治日记为中心》，大象出版社，2011；王亚民：《清代知县与乡村管理资料整理与研究》，吉林大学出版社，2009；王日根、王亚民：《从〈鹿州公案〉看知县对乡村社会的控制》，《华中师范大学学报》2006 年第 4 期；王日根、王亚民：《从〈令梅治状〉看清初知县对乡村社会的治理》，《华中师范大学学报》2008 年第 1 期；王亚民：《清初知县乡村管理特点研究》，《东岳论丛》2010 年第 6 期；王亚民：《从〈巴县档案〉看知县对乡村的管理》，《历史档案》2014 年第 2 期。

福建多个地区县官，《问俗录》既是其施政记录，又是一种珍贵的地方文献。学界对《问俗录》不乏探讨，对县官陈盛韶亦有关注，[①] 但缺乏"县官陈盛韶与海疆乡村管理"的专门考察。本文从乡村社会史研究出发，就这一问题试做探讨，进而在实证研究与历史自觉的基础上，揭示县官乡村管理传统文化的现代价值。

一　县官陈盛韶管理下的海疆乡村社会

陈盛韶先后对福建四县（建阳、古田、仙游、诏安）、两厅（邵军、鹿港）的广大乡村社会进行管理，这些地区均为广义上的海疆，但内部情况各异，兹细化为三个亚区域社会。

其一，闽西北建阳县、邵军厅近海乡村社会。建阳县"衣食艰难，趋利之风日炽"，[②]"南台一带，匪类易生"，"而延师修金从厚，诗书之遗泽孔长矣"。[③] 邵军厅"典卖田产，找价不休"，"文理稍通，人自为学不就外傅"；[④] 当地"为闽省西北门户，贼多由杉关据郡城"，"无业游民为鼠窃、为花会，为强凌弱"。[⑤]

其二，闽东南古田县、仙游县、诏安县沿海乡村社会。古田"山深气寒，土薄地瘠"，"建瓯通衢，来往络绎"，墓圹、火葬、水溺等流行。[⑥] 仙游县"民间奢于治丧"，"小姓畏大族甚于畏官"，索彩、械斗、拦路、斗石等纷争不断。[⑦] 诏安"为粤闽交界海疆要地"，"四都之民筑土为堡"，"二都、三都、四都皆贼薮也"。[⑧]

---

①　这方面的代表性成果有：孔立：《清代台湾移民社会的特点——以〈问俗录〉为中心的研究》，《台湾研究集刊》1988 年第 2 期；王日根、张宗魁：《从〈问俗录〉看明末清前期封建社会风习》，《中国社会经济史研究》2005 年第 1 期。王日根：《蓝鼎元、陈盛韶地方行政的比较分析——关于〈鹿州公案〉和〈问俗录〉的解读》，载陈春生、陈东有编《杨国桢教授治史五十年纪念文集》，江西教育出版社，2009，第 259 页；王亚民、王明阳：《从〈问俗录〉看陈盛韶的乡村管理思想》，《社会科学战线》2012 年第 12 期。

②　陈盛韶：《问俗录》，刘卓英点校，书目文献出版社，1983，第 57 页。

③　陈盛韶：《问俗录》，刘卓英点校，书目文献出版社，1983，第 58、60 页。

④　陈盛韶：《问俗录》，刘卓英点校，书目文献出版社，1983，第 98、10 页。

⑤　陈盛韶：《问俗录》，刘卓英点校，书目文献出版社，1983，第 98、103 页。

⑥　陈盛韶：《问俗录》，刘卓英点校，书目文献出版社，1983，第 67~69、73 页。

⑦　陈盛韶：《问俗录》，刘卓英点校，书目文献出版社，1983，第 79~81 页。

⑧　陈盛韶：《问俗录》，刘卓英点校，书目文献出版社，1983，第 85、90、96 页。

其三，台湾鹿港厅海岛乡村社会。台湾"学校不振，文风日衰"，"民多鳏旷，淫风流行"；① 当地"富户往往结交贼匪"，"滋事有起于分类而变为叛逆者，有始于叛逆而变为分类者，百余年来官民之不安以此是"。②

清代"边海难治，闽粤为最"，"就一省论，漳、泉、台湾治则福建治矣"。③ 陈盛韶先后管辖下的福建六县、厅乡村社会均属于难治的海疆地区，尤其是分属漳州与台湾的诏安县、鹿港厅，这无疑使得他面临巨大挑战。

二 县官陈盛韶乡村社会管理的实践与成效

为完成县官基本的考成之责，进而实现海疆地区的深入治理，陈盛韶对福建乡村社会进行大力整顿。本文拟分为社会控制与社会教化两部分略作梳理，二者为乡村社会管理的两个层面而密切相关；之后，就陈盛韶乡村社会管理的成效及其缘由略作分析。

（一）陈盛韶对海疆乡村社会的控制

为实现对海疆乡村社会外部的宏观控制，陈盛韶相继采取了一系列有力措施，可谓不遗余力。

首先，掌控乡村经济，保障钱谷征收。

作为封建社会末期的一位士大夫，陈盛韶仍然秉持传统的重农理念，不支持非粮食生产。以乡村茶业为例，陈盛韶看到，"建阳近多租与江西人开垦种茶，而米价亦顿昂"，④ 不仅如此，还导致了茶讼、茶赌、茶贼、茶盗四种社会问题。⑤ 以"茶盗"为例，陈盛韶指出，"茶商往来之地，盗贼出没其间"。⑥

在密切关注非粮食生产的同时，陈盛韶加大了征收钱谷的力度，以完成县官最为核心的钱谷之责，这集中体现在以下四个方面。

---

① 陈盛韶：《问俗录》，刘卓英点校，书目文献出版社，1983，第 121、127 页。
② 陈盛韶：《问俗录》，刘卓英点校，书目文献出版社，1983，第 129、138 页。
③ 陈盛韶：《问俗录》，刘卓英点校，书目文献出版社，1983，第 95、131 页。
④ 陈盛韶：《问俗录》，刘卓英点校，书目文献出版社，1983，第 54 页。
⑤ 陈盛韶：《问俗录》，刘卓英点校，书目文献出版社，1983，第 54～55 页。
⑥ 陈盛韶：《问俗录》，刘卓英点校，书目文献出版社，1983，第 55 页。

其一，厘清隐瞒户口与土地。道光年间福建乡村社会，"丁不知其几万户也，族传止一二总户名入官"，为此，陈盛韶大力进行治理，"其强蛮者亲临挨户督催"。① 其二，解决"田离里"、"粮离户"问题。当地"买田过割，竟有田在极东户在极西者"，此种情形下，陈盛韶严令，"欲完钱粮先清户册，欲清户册先严推收"。② 其三，管理田产买卖与"大小租"。有关田产买卖，史载："田不卖断每年贪得津贴，日久田去粮存"，此种情形下，陈盛韶"就田问赋、顺村清理以梳其源，照例罚充以塞其流"。③ 有关农村"大小租"，陈盛韶指出，"是惟就田问赋，税契者即著过户收粮，则粮饷清而国课裕"。④ 其四，治理钱粮差役。在福建乡村社会，"差不亲征而卖与本里坐图之人"，此种情形下，陈盛韶严令，"里书归里、图差归图，而后严其比限以定黜留可也"。⑤

其次，加强社会治安，维护交通运输。

福建乡村社会内部民众争斗繁多，陈盛韶努力加以平息，以完成县官的治安之责。试举例如下：其一，应对分类械斗。陈盛韶管理下的台湾乡村社会，民间械斗颇难治理，"结党成群互相斗杀，文武会营调停两面猖狂愈滋"，此种情形下，陈盛韶严加治理，"大者一面御之以兵使匪人畏威而不敢肆，一面严办总理、头家使畏法而不敢乱"。⑥ 其二，治理"图赖"。福建乡村社会"图赖"问题十分严重，"图赖愈出愈巧，愈横愈多"，针对这种乡村陋俗，陈盛韶进行重点治理，"予初至漳郡首重图赖，此风颇息"。⑦

陈盛韶严惩乡村社会中的盗贼与不法讼师，以保境安民。以鹿港地区为例，"贫而贼不过为抢劫、为劫杀，有产业而贼则为树旗、为分类"，此种情形下，陈盛韶力主，"治之者严刑极法所以塞其流，四乡广设义学、兴孝举廉、褒崇节义所以清其源"。⑧ 在福建乡村社会，不法讼师"控找成风

① 陈盛韶：《问俗录》，刘卓英点校，书目文献出版社，1983，第 92~93 页。
② 陈盛韶：《问俗录》，刘卓英点校，书目文献出版社，1983，第 62 页。
③ 陈盛韶：《问俗录》，刘卓英点校，书目文献出版社，1983，第 101 页。
④ 陈盛韶：《问俗录》，刘卓英点校，书目文献出版社，1983，第 123 页。
⑤ 陈盛韶：《问俗录》，刘卓英点校，书目文献出版社，1983，第 62 页。
⑥ 陈盛韶：《问俗录》，刘卓英点校，书目文献出版社，1983，第 139 页。
⑦ 陈盛韶：《问俗录》，刘卓英点校，书目文献出版社，1983，第 86 页。
⑧ 陈盛韶：《问俗录》，刘卓英点校，书目文献出版社，1983，第 130 页。

老不可破"，"别有讼师与书差分费而案益纠葛不清"，① 陈盛韶大力进行整治，"余于书院一月两课亲为讲画，而询案究出师傅必严加戒斥"。②

在治理械斗、图赖、盗贼与不法讼师的同时，陈盛韶试图压制民间非法组织，以"保固地方"。以"会茶"为例，史载："无业游民聚众群饮号曰会茶，为强凌弱"，此种情形下，陈盛韶采取以民治民的策略，"惟精选联首隆以事权，保固地方"。③

清代道光年间，由于福建海疆地理环境复杂，以及乡村经济发展、地方控制等的需求，交通运输日渐重要，加强交通治安管理成为县官陈盛韶的职责之一。兹举例如下：其一，解决"驿递"问题。福建"山河险阻，其人背负包裹外系响铃名驿递"，陈盛韶指出，"非亲查实额、严禁夜赌、挑选驿夫，不能清积弊而理驿政"。④ 其二，推行新法，整治驿站。福建古田地区，"驿站之弊不在夫役而在夫头，不在夫头而在驿书"，此种情形下，陈盛韶指出，"惟长夫短价之法行则诸弊扫除矣"。⑤

最后，规范乡村伦理，推行社会救济。

为进一步稳定乡村社会而履行县官考成之责，陈盛韶积极管理其他社会事务，兹以规范乡村伦理、推行社会救济为例。

漳南人"利欲熏心，五伦皆灭"，⑥ 此种情形下，陈盛韶努力加以整治，以父子伦理关系为例，陈盛韶指出，"惟守令平日三令五申，听讼时复照异性不准乱宗断之，此风庶可稍回"。⑦ 道光年间的福建乡村社会，官民冲突十分严重，"今漳泉械斗，兵至则逃、官至则抗"，而"官民互相残杀，皆必然之势也"，⑧ 为此，陈盛韶先后提出了官民相安、官民相亲、官民分治、民利官利的一系列主张，⑨ 以缓解官民冲突，规范官民伦理关系。

如果说对乡村人伦关系的维护乃是出于一种责任，那么，陈盛韶对人类

---

① 陈盛韶：《问俗录》，刘卓英点校，书目文献出版社，1983，第 77、101 页。
② 陈盛韶：《问俗录》，刘卓英点校，书目文献出版社，1983，第 78 页。
③ 陈盛韶：《问俗录》，刘卓英点校，书目文献出版社，1983，第 103 页。
④ 陈盛韶：《问俗录》，刘卓英点校，书目文献出版社，1983，第 56 页。
⑤ 陈盛韶：《问俗录》，刘卓英点校，书目文献出版社，1983，第 73 页。
⑥ 陈盛韶：《问俗录》，刘卓英点校，书目文献出版社，1983，第 91 页。
⑦ 陈盛韶：《问俗录》，刘卓英点校，书目文献出版社，1983，第 127 页。
⑧ 陈盛韶：《问俗录》，刘卓英点校，书目文献出版社，1983，第 91、140 页。
⑨ 王亚民：《从〈问俗录〉看陈盛韶的乡村管理思想》，《社会科学战线》2012 年第 12 期，第 114 页。

与自然关系的关注则是一种潜意识的行为。这主要体现在以下两点：其一，赞同农民对土壤肥力的保护。史载："必藉此（牛骨）烧灰和以草灰土末，粘根入泥苗乃硕"，此种情形下，陈盛韶不仅停止了"遣差往捕"，而且感叹道："既暖以牛骨复滋以粪土，瘠土之民其勤劳如此！"① 其二，开沟治水，维护人地关系。建阳地区"大雨时行膏腴变成石田，山农与平地农动成斗殴"，此种情形下，陈盛韶"谕令沿山存脚开沟方准垦种，庶几两全"。②

在努力规范乡村伦理关系的同时，陈盛韶亦重视社会救济，以确保乡村社会的稳定。以仓储为例，陈盛韶认为，"宰邑者所宜贵农重粟，预谋积贮"，③ 他主张，"地方官先于乡市要集建立义仓，价至四千即开仓平粜"，"采买官发例价一石七钱，所以实仓储备凶荒也"。④

（二）陈盛韶对海疆乡村社会的教化

在努力进行乡村控制的同时，陈盛韶亦大力推行社会教化，这固然是完成县官的教化之责，然而作为一种软性治理，社会教化不仅能够减小官府在社会管理中的阻力，又能将地方治理推向深入。就这方面陈盛韶指出，"孔子云，'不教而杀谓之虐'"，"守令者风俗之表率，必谆谆教诫"。⑤

在诸多教化手段中，家庭与学校教育占有十分重要的地位，陈盛韶对此颇有认识。在家庭教育方面，陈盛韶指出，"惟谕族间选公正一人，使知有尊祖敬宗之仁，亦知有尊君亲上之义"。⑥ 在学校教育方面，陈盛韶认为，"学校不兴何以为治乎"？"盖直省沿海沿边之民往往顽梗不化，皆学校不兴、教化不及"。⑦

陈盛韶主张广布教化，他指出："此风数百年于兹矣，朔望宣讲圣谕使务民之义！"不仅如此，"富人睦姻任恤之道，亦不可不讲于平日"。⑧ 另外，陈盛韶重视家长与绅耆在乡村社会教化中的作用，他指出，"选择家长、责

① 陈盛韶：《问俗录》，刘卓英点校，书目文献出版社，1983，第67页。
② 陈盛韶：《问俗录》，刘卓英点校，书目文献出版社，1983，第54页。
③ 陈盛韶：《问俗录》，刘卓英点校，书目文献出版社，1983，第68页。
④ 陈盛韶：《问俗录》，刘卓英点校，书目文献出版社，1983，第122、126页。
⑤ 陈盛韶：《问俗录》，刘卓英点校，书目文献出版社，1983，第128、140页。
⑥ 陈盛韶：《问俗录》，刘卓英点校，书目文献出版社，1983，第100页。
⑦ 陈盛韶：《问俗录》，刘卓英点校，书目文献出版社，1983，第98、130页。
⑧ 陈盛韶：《问俗录》，刘卓英点校，书目文献出版社，1983，第77、129页。

重绅耆，礼让风行而械斗不闻"。①

陈盛韶力图通过整治民间风俗，引导乡村文化，进一步实现对乡村社会的教化。试举例如下：其一，治理乡村葬俗。道光年间的诏安县乡村社会，"葬至数年复开棺捡枯骨而洗之，拾诸瓦坛名曰金罐"，此种情形下，陈盛韶"按罐访拿，由是路旁金罐为之一空，非真知有葬礼也"。② 其二，治理乡村社戏。建阳县乡村举办社戏之时，"藉此赌博流荡忘返，最为风俗之害"，为此，陈盛韶"使演戏有定日，禁止赌博，渐觉敛戢"。③

（三）陈盛韶乡村管理的成效及其缘由

相对于同时代的县官而言，陈盛韶可谓政绩不凡。除上文所述之外，《问俗录》载："陈君澧西宰一邑，必究其弊之所由生，而思为补偏救弊之方。"④《民国建阳县志》载："陈盛韶裁汰胥役，好奖进士子，尝谓邑中生员足与福州士子相抗衡者不少。"⑤《民国诏安县志》载："邑宰陈公盛韶兴复书院，创办孝母局"。⑥

陈盛韶之所以取得乡村社会管理的成功，乃在于两个方面的原因。就主观原因而言：其一，陈盛韶不仅出身进士而知识渊博，而且是一位"楚南实士"，⑦ 注重经世致用，这使得他在乡村管理方面远非其他县官可比。其二，为实现乡村社会的有效管理，陈盛韶一方面利用官府力量进行硬性治理，严厉打击各种不法势力；另一方面，他又注重民风民俗，广布教化而推行软性治理，二者可谓有机结合而成效显著。就客观原因而言，陈盛韶自道光四年（1824 年）至道光十三年（1833 年）出任福建县官，管理当地乡村社会长达九年多的时间，这使得他富有施政经验而有所成就。

然而，陈盛韶对乡村社会的管理也存在不足之处，这主要体现在以下

---

① 陈盛韶：《问俗录》，刘卓英点校，书目文献出版社，1983，第 93 页。

② 陈盛韶：《问俗录》，刘卓英点校，书目文献出版社，1983，第 85 页。

③ 陈盛韶：《问俗录》，刘卓英点校，书目文献出版社，1983，第 50、61 页。

④ 陈盛韶：《问俗录》，刘卓英点校，书目文献出版社，1983，第 45 页。

⑤ 姚有则等修，罗应辰纂《民国建阳县志》，载中国地方志集成编纂委员会编《中国地方志集成·福建府县志辑》，上海书店出版社，2000，第 311 页。

⑥ 陈荫祖修，吴名世纂《民国诏安县志》，载中国地方志集成编纂委员会编《中国地方志集成·福建府县志辑》，上海书店出版社，2000。

⑦ 陈盛韶：《问俗录》，刘卓英点校，书目文献出版社，1983，第 46 页。

三方面：其一，县官任期相对短暂，无法做到常抓不懈。陈盛韶虽然担任了九年多的县官，但先后在六个地方任职，平均任职年限仅一年半的时间，这无疑影响到了他对乡村治理的成效。以租税管理为例，陈盛韶"方思协公正绅士更易顽佃，而瓜期旋至不果"。[①] 其二，国家政策对乡村管理有负面影响。陈盛韶指出，"天下正赋之积欠、仓库之空虚，其弊皆起于变本色为折色"。[②] 其三，商品经济发展的客观大势使得县官陈盛韶无能为力，史载："古田有降来米渔利民间，虽出示严禁不止也。"[③]

三　县官陈盛韶乡村管理的地域特征与近代萌芽

古往今来，人类的管理行为均是在一定的时间与空间中发生的，在呈现地域性的同时，又显现出时序性；不仅受到人文环境的制约，亦与自然环境密切相关。

（一）陈盛韶乡村社会管理的地域特征

清代中国人口众多、面积广大，地方政情极为复杂。相应之下，县官的乡治行为不仅带有明显的政治性，亦不乏地域特征及相应的个人特点，陈盛韶对福建乡村社会的管理即是一例。

其一，面对难治的海疆乡村社会，一方面，陈盛韶严加治理而又重点突破，他指出，"虽近于酷，时地所宜"，"将执食者而罪之不可胜诛，惟鸦片馆、鸦片贩不可不严捕也"；[④] 另一方面，陈盛韶又重视民风民俗，大力推行社会教化，以难治的二都地区为例，史载："下车以礼见，列榜依次奖赏，因得以清理案牍。"[⑤] 毋庸讳言，古往今来，这不失为管理难治的乡村社会的两项基本原则。遗憾的是，在极其复杂的现实实践中，由于诸多不利因素的制约，仅有少数成功者能够将其有机结合。

---

① 陈盛韶：《问俗录》，刘卓英点校，书目文献出版社，1983，第75页。
② 陈盛韶：《问俗录》，刘卓英点校，书目文献出版社，1983，第125页。
③ 陈盛韶：《问俗录》，刘卓英点校，书目文献出版社，1983，第71页。
④ 陈盛韶：《问俗录》，刘卓英点校，书目文献出版社，1983，第88、90页。
⑤ 陈盛韶：《问俗录》，刘卓英点校，书目文献出版社，1983，第87页。

其二，与同时代的陆疆、腹里地区相比，福建海疆乡村社会的难治还表现在交通混乱、伦理关系失范、海洋的凶险等方面。在此种情形下，交通管理、规范乡村伦理以及与乡村相关的海洋管理，即成为陈盛韶乡村社会管理中的重要职责，而规范乡村伦理（上文已述）、与乡村相关的海洋管理又不失为其中的亮点，更为凸显海疆乡村社会管理的区域地理特征。

陈盛韶十分关注与乡村社会密切相关的海洋管理，涉及海运、海禁、海防、海道与海风五个方面。就海运而言，陈盛韶指出，"贩运维难且米价甫昂，公同保结，万一风水不测无难赔补"。① 就海禁而言，陈盛韶指出，"不可不精其禁之之法，重其禁之之刑，徒沾沾于海上贾人束缚之、驰聚之，尚非长治久安之策"。② 就海防而言，陈盛韶指出，"水陆兼防，海洋肃清"。③ 就海道而言，陈盛韶指出，"至于海上往来尤宜行所无事，丝毫不庸勉强"。④ 就海风而言，陈盛韶指出，"是惟大府慎选才守兼裕、有体有用之士，则人不视台海为畏途，吏治民风必渐归上理"。⑤

（二）陈盛韶乡村管理思想的近代萌芽

陈盛韶生活的年代已是近代前夕，尽管远未走出传统乡村管理思想的窠臼，但是在长期实践经验的基础上，结合福建乡村社会实际，他较早提出了县之下"县丞划区而治"的管理思想，⑥ 具有近现代乡镇基层政权萌芽的性质。

就清代县丞与基层社会管理，张研先生指出，"佐贰、典史、巡检即便有分割之属地，也不可能成为其分割之地有所谓'承督盘查亲民之责'的长官"；⑦ "即便在其分辖区有稽查奸宄之责，也必须将疑犯押送知县定夺"。⑧ 胡恒先生指出，"由佐贰代征钱粮的现象除福建、甘肃外，其他地区

① 陈盛韶：《问俗录》，刘卓英点校，书目文献出版社，1983，第 115 页。
② 陈盛韶：《问俗录》，刘卓英点校，书目文献出版社，1983，第 116 页。
③ 陈盛韶：《问俗录》，刘卓英点校，书目文献出版社，1983，第 117 页。
④ 陈盛韶：《问俗录》，刘卓英点校，书目文献出版社，1983，第 118 页。
⑤ 陈盛韶：《问俗录》，刘卓英点校，书目文献出版社，1983，第 119 页。
⑥ 王亚民：《从〈问俗录〉看陈盛韶的乡村管理思想》，《社会科学战线》2012 年第 12 期，第 224 期。
⑦ 张研：《清代县级政权控制乡村的具体考察》，大象出版社，2011，第 73 页。
⑧ 张研：《对清代州县佐贰、典史与巡检辖属之地的考察》，《安徽史学》2009 年第 2 期，第 14 页。

也有部分存在",① 左平先生指出,"县丞的职责亦因县因时而异,南部县县
丞拥有超越典例规定的命案勘验权和词讼受理权"。② 由此看来,有清一代,
尽管县丞远未成为基层社会管理的主官,但是已经出现少量代收钱粮的县
丞与拥有一定司法权的县丞,且县丞在"分辖区有稽查奸宄之责",这无疑
为陈盛韶"县丞划区而治"管理思想的提出奠定了基础。

针对难治的诏安县二都地区,陈盛韶提出,"欲为长久之策必于红花岭
移置县丞一员,割官坡、秀篆一带钱粮归之,可以缉捕,可以催科"。③ 这
种"县丞"有专门的辖区,不仅能够"缉捕",又有权"催科",初步具有
近现代乡镇长的职能,这在某种程度上显现出近现代乡镇基层政权的萌芽,
在不自觉中顺应了近现代乡镇治理的历史大势。从某种意义上讲,陈盛韶
"县丞划区而治"管理思想的提出,与海疆地理环境及前近代社会不无关
联;正是由于海疆地理位置的偏远、海疆乡村社会的难治、前近代社会经
济与人口的较快发展,以及封建社会末期县官制度的弊端等因素,陈盛韶
才提出这一具有近代萌芽性质的设想。尽管距离现实还十分遥远,但不失
为一种可贵的探索、一种不自觉中的近代化努力。

四 启示与思考

作为一个有着两千多年历史的封建基层官制,县官制度可谓古代中国
政治文明中的一朵奇葩,县官乡村管理传统文化博大精深,有待于我们全
面而深入挖掘,以发挥现代中国传统资源的独特优势;毋庸讳言,这不失
为历史自觉的一种努力与体现。具体就课题研究而言,尽管仅仅是一个个
案,却不失为县官乡村管理传统文化的一个缩影,对当今社会主义新农村
建设不乏启示。

其一,古典管理伦理的现代启示。在当今管理学界,管理伦理逐渐成
长为管理哲学中的一门新兴分支学科,也因而成为当今管理学中的显学,
尽管如此,并不能否定古典形态管理伦理的存在。陈盛韶对乡村社会人伦

---

① 胡恒:《清代福建分征县丞与钱粮征收》,《中国社会经济史研究》2012 年第 2 期,第
45 页。
② 左平:《清代县丞初探》,《史学月刊》2011 年第 4 期,第 47 页。
③ 陈盛韶:《问俗录》,刘卓英点校,书目文献出版社,1983,第 96 页。

关系、官民关系、人地关系的关注与思考，尤其是对官民相安、官民相亲、官民分治、民利官利、官民管理伦理的理论总结，不失为我国古典管理伦理的典范。一般认为，古往今来，乡村社会管理伦理都是一种客观存在，有其必然性与必要性，这对于我们重视现代乡村管理中的伦理导向不无启示，尤其是在市场经济时代下伦理关系日趋紧张的今天。

其二，传统海疆管理的现代启示。陈盛韶知识渊博又注重解决现实问题，尤其是他长期的海疆乡村管理实践，使他在不觉中对有关乡村发展的海洋问题产生了关注，涉及海运、海禁、海防、海道与海风五个方面，这在清代海疆县官中实属罕见，不失为近代前夕先进的中国人对海洋管理的有益探索。我们觉得，陈盛韶初步走向海洋、利用海洋、巩固海疆的海洋思维与海洋意识，对于我们探索海疆乡村治理路径乃至整个海洋管理不无启示，尤其是在伴随着中华民族的伟大复兴而快速走向海洋发展、海外发展的今天。

（责任编辑：谢蕊芬）

中国海洋社会学研究

2016 年卷　总第 4 期

第 135～144 页

© SSAP，2016

渔业基层经营组织创新与生产关系变革

——中国十大魅力乡村连江县官坞村调查之一

林光纪*

摘　要：探讨渔业基层经营组织创新对于继续推进深化渔业改革开放是非常重要的。本文采用社会学社会调查方法对官坞村渔业基层经营组织的变化、发展、创新以及其与生产关系的变革进行调查。官坞村是我国滨海渔村的发展典型之一，对其社会学的调查结论为：改革开放后渔业生产关系变革促进了渔业基层经营组织的普遍创新；而随着渔业生产力的发展，官坞村渔业基层经营组织发展创新又孕育着生产关系的新变革。官坞村生产力要素演变决定了生产关系变化，生产关系的变革促进了生产力要素发展。官坞村"村企带农户 + 渔业专业合作组织联农户"是很有活力和成效的基层经营组织方式，既具有家庭联产承包责任制的激励因素，又探索了（农）渔村经营规模效应的新途径。渔业基层经营体制的探索创新是关乎"渔民民生"的一个持续性课题。本文还讨论了官坞村探索的渔业基层经营组织的特例与典型，以及组织创新与市场要素聚集的渔业发达渔村的新现象。

关键词：渔业基层经营组织　生产关系　渔村调查　渔业经济学

---

*　林光纪（1955～），福建连江人，福建省海洋与渔业经济研究会会长，高级工程师，MBA，从事海洋渔业及海洋社会学研究。

　　改革开放以来，我国水产养殖业取得了突飞猛进的发展，甚至连《谁来养活中国》①的作者都承认中国水产养殖对人类的贡献，对实现人类"千年计划"的突出成就。中国水产养殖在改革开放和社会主义市场经济转型期的体制探索，展示了中国渔业管理者、实践者的智慧。水产养殖的体制改革创新与农村的家庭联产承包责任制、双层经营生产的形式与内容基本一致。这是一个大的总体趋势变化。然而，仅仅生产力要素的海域滩涂的国有与集体性质差异，就呈现海水养殖业与农业体制变革的差异。而这种差异经过 30 多年演化，成了深化渔业体制改革的突破点和创新点。中国十大魅力乡村之一连江县官坞村渔业基层经营组织创新探索坚持至今，具有独立样本及时代意义。因此，以马克思唯物主义的发展史观来考察连江县官坞村一系列生产力基础变化以及生产关系变化，对于我们从渔业基层经营组织创新层面把握现代渔业建设很有启迪。

　　就我国渔业基层经营者而言，水产养殖中数量最多的是个体和家庭承包户。官坞村是众多的以水产养殖为主的沿海渔村之一。官坞村在计划经济时期是一个渔业基层经营生产大队，现在探索了"集体企业 + 家庭双层经营"的生产方式，发展了家庭联产承包责任制。当前，福建省水产养殖生产经营主体通过三种形式组织起来：一是农民专业合作社，二是渔业协会，三是公司加农户或企业带农户形式。②根据马克思主义政治经济学的基本原理，生产关系必须适应生产力发展，在当前养殖渔业分散经营的现实下，应尊重群众的意愿，尊重群众的创造精神，继续探索各种有利于渔业发展的渔业基层经营体制，并及时分析典型、总结理论。

一　研究方法

　　本文采用社会学调查方法，以实地调查为纬线，以档案历史为经线。社会变革的实质是渔业生产力解放和渔业生产力的发展。官坞村致富，成

---

①　美国学者《谁来养活中国》的作者莱斯特·布朗博士在 2008 年接受《环球时报》采访时，高度赞扬中国的淡水渔业，认为中国的淡水渔业是对世界的一个重大贡献。（引自《第九届亚洲渔业和水产养殖论坛在上海召开》，http：//www.ryflower.cn/a/shuichanyangzhi/20110718/1721_2.html。）

②　林光纪：《渔业经济学科的前沿与现实》，《福建水产》2011 年第 3 期。

为后起之秀，持续发展，是渔业基层经营组织制度创新的结果，是中国社会转型期的渔业基层经营组织探索典型个案的结果。叙事时间主线为改革开放以后，同时比较参照物的时间，着眼于近年我国海水养殖的发展。

改革开放以来，渔村经济发展调查一直受到渔业行政管理部门和地方政府的重视。其动因之一是渔村个案的典型经验及其实践指导意义。21 世纪以来，我国的社会学学者开始对作为农村组成部分的渔村加以关注和研究，同春芬、王书明的《和谐渔村》是中国百村调查之一，辽宁省大连市后石村摸索出一条工业企业与渔村融为一体、经济社会和谐发展的新渔村建设模式，作者称之为"后石模式"。[1] 笔者对福建渔村发展的调查有厦门小嶝岛渔村城市化调查，[2] 龙海市浯屿"渔业—渔民—渔村"关系调查。[3] 我国的渔业基本经营制度问题的研究，发端于中国人民大学温铁军教授1996 年开始的农业基本经营制度的研究。其后，我国渔业管理者和学界开始对渔业基本经营制度进行广泛研究，近年来，我国从渔业行政管理者到理论工作者，十分注重渔业基本经营制度的研究，[4] 尤其是《物权法》颁布以来，渔业部门更加关注渔业基本经营制度的稳定与创新。研究中比较一致的结论有坚持社会主义市场经济的方向，统分结合的家庭联产承包经营责任制是水产养殖业的基本经营模式。在现有的生产力发展水平下，当前的渔业基本经营制度和生产经营模式将长期存在。

目前渔业基本经营制度需要创新。原因在于：一是组织结构不稳定带来生产的不稳定；二是分散生产经营，市场经济地位处于弱势，不利于维护生产者利益；三是作业单位小，抵御经济风险、自然风险能力弱，且承

---

① 同春芬、王书明等：《和谐渔村》，社会科学文献出版社，2008。
② 林光纪：《厦门小嶝岛渔村城市化调查》，中国渔业经济专家论坛，2011 年 7 月。
③ 林光纪：《"渔业—渔民—渔村"逻辑与悖论，龙海市浯屿"渔业—渔民—渔村"调查》，《中国渔业经济》2011 年第 1 期。
④ 内蒙古畜牧渔业局：《内蒙古开展渔区基本经营制度与水产品市场调研报告》，《内蒙古渔业》2004 年第 12 期；农业部：《关于贯彻实施〈中华人民共和国物权法〉稳定和完善渔业基本经营制度的通知》，2007，中国渔业政务网（http：//www.cnfm.gov.cn/）；杨子江、阎彩萍：《我国沿海地区渔业基本经营主体调查分析报告》，《中国渔业经济》2008 年第 6 期；范小建：《稳定渔业基本经营制度 切实维护渔民合法权益》，2007 年 3 月 22 日，http：//www.moa.gov.cn/；韩立民、陈明宝：《渔业：靠什么发展——兼论渔业基本经营制度》，《中共青岛市委党校、青岛行政学院学报》2010 年第 1 期；王诗成：《积极推进现代渔业基本经营制度改革》，海洋财富网，2010 年 1 月 11 日。

担无限经济责任；四是安全生产、渔业资源保护、水产品质量安全等方面的监管难度大。因而，要坚持中国特色社会主义理论，坚持社会主义市场经济改革方向，不断创新发展渔业基本经营制度。

对渔民专业合作组织的引导、完善。渔民专业合作组织的发展处于初级阶段，通过专业合作社进入市场的渔民比例比较低，专业合作社对渔民的带动力和辐射作用还很有限。少数专业合作社内部制度尚不健全，运作也不规范，应按照《农民专业合作社法》加以引导。

二 实地调查结果

官坞村位于福建省连江县筱埕镇，与马祖列岛只有一水之隔，全村 876 户，户籍人口 3460 人，外来流动人口 2000 多人，是一个融海水育苗、海水养殖、水产品加工为一体的产业化新渔业村。2010 年，全村实现社会总产值 3.2 亿元，80% 的农户家庭收入在 5 万元以上，60% 的农户家庭收入在 10 万元以上，村集体收入 1200 多万元。

20 世纪 80 年代中期，官坞村还是一个远近闻名的贫困村，是一个生产不能自给，交通不便的农渔兼业村：每年人均收入仅为 150 元，村集体负债 5.6 万元，村民收入全靠种地瓜、海带种植。改革开放后，农渔业生产资料下放，放活生产经营，推行家庭联产承包责任制，留住有限的农地，扩大海水养殖，渔业生产的比较效益彰显，渔业生产者的生产积极性提高，渔业解决了人们的温饱问题。

1987 年前，由于海带作为制碘渔业原料价格低，食用海带只是进行粗加工，产品滞销，官坞村海带增产不增收，生活解困但未致富。1987 年，复员军人林哲龙被群众推选为村党总支书记。村两委经考察和论证，决定办海带加工企业，解决海带滞销问题，海带加工企业带动了海带规模养殖。

1994 年，村办企业挑选为人诚实精干的销售人员，到广州、深圳、北京、上海等地的超市、干货市场、农贸市场推销海带加工产品。由于产品质量好，讲诚信，销售商纷纷订货。官坞海带终于占领国内市场。官坞村生产销售的盐渍海带和海带加工品从没发生过退货事件。官坞村把海带加工作为延伸产业链、价值链的主产业，由海带起步，发展出海带丝、海带面、海带粉等十几个系列产品。官坞村仅海带一项年出口创汇就达数百万美元。

2009 年 2 月，村里利用日本海带母体和国内海带父体培育出的新型海带种苗，海带种植由原来一年一季变为到一年两季，这使海带的产量、收益翻番，仅凭此项创新，村里一年就增加了 2000 多万元的收入。

20 多年来，官坞村的水产种植养殖规模逐年扩大，由原来的单一种植海带，增加到种植紫菜、龙须菜，养殖牡蛎、鲍、多宝鱼、海参等 20 多个品种，面积由 1984 年的 446 亩发展到近 1 万亩。全村有 80% 的农户种植海带年收入达 5 万元以上，60% 的农户种植海带年收入达 10 万元以上。

现在，官坞村的海带种植面积达 1 万亩，一年可产 20 多万吨鲜海带，产值达 1 亿元。官坞村海带加工企业有 5 家，年加工海带 5 万吨，可加工十几个海带品种，产值近 1 亿元，在海带育苗面积、种植面积、加工产量上创造了三个"全国第一"，这不仅让官坞村的老百姓生活富足，还带动周边 25 个村走上致富之路。

现代产业支撑渔业集约发展。官坞村党委书记认为，20 多年来，只有产业化、规模化经营才是实现农民致富、农村经济长效发展的途径。借鉴工业化的理念来发展现代渔业，龙头带动，品牌效应，成为官坞村产业发展的新思路。官坞村渔业产业正在发生大跨越。2000 平方米的工厂化海参育苗场已投入使用，"十二五"计划培育海参苗 1.5 亿只，实现产值 5 亿元。农户养殖和工厂化养殖两条路铺开，海参深加工厂开工投建，年计划加工海参 100 吨，实现产值 8 亿元。官坞村计划形成年产值达 18 亿元的海参产业。集约发展，跨越发展将改变官坞村海带产业一枝独秀的局面，实现全村渔业经济跃上新台阶。

本次渔村调查着眼于渔业基层经营组织的变革与创新，从中探讨改革开放以来我国渔业基本经营制度的变迁与发展趋势。改革开放后的几十年，是中国渔业发展速度最快、渔民得到实惠最多的时期。其中渔业经营体制改革，解放了生产力、发展了生产力。改革开放以来的福建海水养殖经历了"大包干""家庭联产承包"和"以家庭联产承包为基础的统分结合双层经营体制"。官坞村海水养殖渔业经营体制进行改革，与福建沿海其他地方一样，始终以家庭承包经营为主线。但改革的内容与形式颇具特色。官坞村渔业基本经营制度创新，在统与分上平衡村民与集体的关系，创造了集体经济实现的新方式、新载体，取得了很好的效果。鉴于此，官坞村的渔业基本经营制度创新的独立样本极具特色与典型意义。

三 生产力要素变化调查分析

（一）土地—滩涂—海域

官坞村地处滨海，土地为丘陵"地无三尺平"的杂坡地，无水源不宜种植，旱地人均不足 1 亩。改革开放前，旱耕与养殖不足以养活全村人口，人们生活极其贫困。改革开放后，村里大力发展海带种植，由于海带南移，种植时间长、技术成熟、投资少收益大，官坞村又有种植海带的经验，种植海域不断扩大。至 2003 年，《海域使用管理办法》实施后，官坞村以村集体的名义，向地方政府及其海域管理部门申请海域使用权，其根据传统种植习惯和海域毗邻管理，获得可种植 6500 亩海带的海域种植使用权。就是这 6500 亩海域及扩大租用承包的数千亩海域，成为官坞村致富的最重要的生产力要素。官坞村海岸线是岩礁海岸，没有滩涂。2011年 12 月，福建省人民政府关于官坞村新农村建设及渔港物流园区建设项目使用官坞村以南 9.9 公顷海域，填海用于新农村及渔港物流园区项目建设。

（二）劳动力嬗变

经济发展必然带来劳动力的变化。改革开放初期，官坞村人口为2500 人，劳动力约 1000 人，劳动力过剩，没有外来流动劳动力和人口。改革开放前，劳动力捆绑在人均几分的旱地上，外出务工是非法的。改革开放后，发展海带种植促使本村劳动力大部分在海水种植养殖业就业，开办的村海带加工厂使全村妇女可季节性地临时就业。此后，海带加工厂扩大发展和育苗室等村企业的发展，使大量外来工进入官坞村劳动并居住。现在官坞村户籍人口 3460 人，劳动力 2000 人，外来流动人口 2000 多人，外来劳动力近 1000 人。

外来工在官坞村中主要从事三种职业：一是重体力劳动者。主要干海带备汛、海上打桩、海上海带分苗、收获海带等劳动强度大的工作，这些原来为村民承担的劳动已由外来工承担。二是专业技术人员。企业工厂的机电、制冷设施、电子器材使用等，本村没有技术人才，须高薪外聘。三是专家顾问和投资者。如海带育苗高级研究人员、教授或潜在的投资者，他们以项目合作者的身份不定时到村里。前两类为长期居村的外来工，后一类则是候鸟式外来者。劳动力的变化孕育着劳动收入分配的变化，促进了生产关系的变化。

（三）科技是第一生产力

科技，曾为官坞村脱贫打开一扇门，后又为其致富铺开一条路，而今更为其达到小康插上翅膀。大连曾是全国海带育苗老基地，海带南移时，福建海带苗全都从大连调。20 世纪 60 年代福建开始北苗南育。90 年代后期，由于海带加工技术提高和海带是鲍的适口饵料，福建扩养海带，海带苗种缺口大。1998 年，官坞村投入 1000 多万元创办海带育苗场。公司以科技入股方式吸引海带育苗专家，其中 4 位省权威的海带育苗专家被引进官坞村。2000 年，由官坞海带育苗场自主培育的"连杂一号"面世。"连杂一号"具有抗病、耐高温、高产等特点，海带长度达 5 米，宽 0.8 米，亩产净增 30%。海带种植由原来一年一季变为到一年两季，这使产量、收益翻番，村年增收入 2000 多万元。2003 年，经福建省农办组织专家验收，耐高温、产量高、生产周期短的"连杂一号"海带新品种，比常规海带品种增产 28% ~ 30%。官坞村海带育苗基地每年可培育供 10 万亩海域种植的海带苗，占到全省同行业产品的 70%，种苗销往大连及日本。官坞村公司依靠高新技术、生物工程，走精加工、深加工之路。官坞村从日本引进了先进的生产线，对海带进行深加工，将鲜海带加工成海带结、海带丝，每年可消化鲜海带 30 多万吨。为了吸引更多科技人员加入建设，官坞村不仅为科技人员提供了丰厚的薪酬，创造了良好的科研实验环境，还采取了"技术入股"等措施吸引人才。官坞村已是中科院海洋研究所福建贝藻类试验点、农业部黄海所 863 科研示范项目基地、福建省科技厅海洋综合开发试验点。中科院院士林群在考察官坞村后指出，近 10 年来全国海带种植业快速发展，官坞村提供了优良的种苗。官坞村以海带种质库建设、良种繁育、栽培、加工为核心的工程化配套技术研究，有助于全国海带产业突破可持续发展的瓶颈。

四　生产关系演变调查分析

官坞村生产力要素演变决定了生产关系变化。官坞村与福建沿海其他地方一样，海水养殖渔业经营体制始终以家庭承包为主线，生产关系变化已经历三个阶段。

第一阶段是 1978 年到 1984 年，改革的主要内容是渔业生产资料下放，放活生产经营权，推行以大包干为主要形式的生产责任制。第一阶段解体了生产队，新的生产关系使农渔民的生产积极性得到调动，使其得到了相应的劳动成果。

第二阶段是从 1985 年到 2000 年，以贯彻落实 1985 年中央 5 号文件精神为契机，全面完善家庭联产承包责任制，推行股份合作制。举全村之力创办企业，成立股份制公司，大胆走产业化发展之路。企业成立之初，村委会提出，有钱的村民可以参股，没钱的可以打工。这一举措得到绝大多数村民的认可，村民积极筹款，再加上银行贷款，1995 年，官坞村以村委名义，创办了连江县官坞海洋开发有限公司，实行一套班子两块牌子，村党总支书记兼任村办企业的董事长、总经理，其他两委干部也分别兼任企业的厂长、车间主任等。村集体占 51% 股份，村民占 49% 股份。公司下设海带育苗场、鲍育苗养殖场、水产品加工厂、海水研究会等经济实体，建立了以科技为依托，以市场为导向，以效益为中心，集育苗、养殖、加工、开发、销售为一体的产业化雏形。这既发展壮大了集体经济，又促进了村民共富。村办企业产权明晰、利益直接、机制灵活、分配合理，极大地调动了村民增加投入、扩大生产的积极性，渔业生产力水平得到空前提高，渔民收入进一步快速增长。

第三阶段是从 2000 年至今，推行规范化公司制和发展海水养殖专业合作组织。企业让利村民，扩大村民股份，村民股份由原先的 49% 扩大到 70%。以官坞海洋开发有限公司为龙头，官坞村已初步建立了生产、经营、科技、社会化服务四位一体的社会化生产体系，形成了产加销一条龙、渔工贸一体化的渔业产业化新格局，增加了渔户与渔户、渔户与企业的关联度，促进了水产品环节的多次增值，实现了反哺渔业、反哺渔民、反哺新渔村建设。例如，2006 年，由于出现暖冬气候，全国海带苗发生烂苗现象，公司无偿调拨海带苗 2000 多片送给本村种植户，全村种植户在满足自己生产需求外，又把剩余海带苗卖给其他的种植单位及个人，额外增加利润 300 多万元，村民人均增收 1000 多元。第三阶段的改革，"村企带农户 + 渔业专业合作组织联农户"，提高了渔民进入市场的组织化程度，提高了生产效益，增加了村民和村集体的收入。

官坞村这三个阶段的渔业经营体制改革创新，在统与分上平衡村民与集体的关系，创造了集体经济实现的新方式、新载体。官坞村以大智大勇的改革精神，不断发展生产力；以百折不挠的创新精神，极大地调动了渔民的生产积极性，促进了渔业生产力的发展。

五 结论

官坞村的发展是我国滨海渔村发展典型之一。本文调查结论如下。

（1）官坞村"村企带农户 + 渔业专业合作组织联农户"是很有活力和成效的基层经营组织方式，既发挥了家庭联产承包责任制的激励因素，又探索了农村经营规模效应的新途径。官坞村"村企带农户 + 渔业专业合作组织联农户"的渔业经营发展模式是福建重点渔区的一种特例模式，其独特的地理环境、特色的产业、特别能吃苦能奋斗的政治经济带头人，可学习而难以复制，可借鉴而难以推广。官坞村"村企带农户"模式不同于"企业 + 农户"模式。市场经济中买卖双方交易互利，"企业 + 农户"有时双赢，有时利益对立，公司形成垄断优势，农户的利益时常受损，市场出现波动，公司往往转嫁风险。官坞村"村企带农户"的优势在于"带"，带动发展、反哺农户。村企越发展，发展成果越惠及农民。

（2）官坞村在渔业资源贫乏的地方发展出现代渔业，在环境封闭的地方发展出具有国际眼光的农产品，在发展中创新与完善渔业基层经营模式，特别是以专业合作组织达至全村致富。通过渔民本身的组织化、合作化建立利益共同体，加强了渔民的市场地位，他们可分享更多的市场剩余。新时期，渔业专业合作组织既是提高渔业产业的规模化、集约化经营水平，提升渔业产业整体水平，推进现代渔业建设的重要抓手，也是当前提高渔农民进入市场的组织化程度，解决"千家万户"分散渔（农）民与"千变万化"大市场矛盾的一种方法，还是完善渔业基层经营组织的一条道路。

（3）组织创新与市场要素聚集。官坞村的实践证明，渔业基层经营体制的探索、改革和发展，特别是村企经济组织的培育和发展，对市场要素聚集，提升渔业产业化水平，渔业增效、渔民增收发挥了作用。一是内动力。带动"低、小、散"的渔民与市场对接，提高了渔民进入市场的组织化程度，提高了渔民在市场经济中的主体地位；推进了渔业生产新技术、生态养殖新模式的有效实施，促使渔业产业形成区域化布局、专业化生产、规模化经营；品牌战略，标准化生产，提高了水产品质量；渔需物资统一采购，降低了渔业生产成本，提高了渔农民收入。二是利益激励。官坞村海水养殖海域抓阄承包，有序流转，村民均享有海域使用权的租金溢价。有的村民转租海域不下海，有的村民到附近村庄租赁海域养殖。村企的投资股份和利润分享已开始向村外辐射。投资回报和利益驱动激励商业资本介入新渔村建设及渔业产业化发展，资本社会化和生产社会化将改变渔村基层经营组织性质。

（4）我国渔业经营体制改革，尤其是农村经营体制改革早、开放早、进展快，解放了渔业生产力，发展了渔业生产力，促进了渔业增产、渔民增收和渔村致富，官坞村的发展是一个活样本。在党的十一届三中全会指引下，体制改革促进了生产力发展，渔业生产关系变革促进了渔业基层经营组织的普遍创新，而随着渔业生产力的持续发展，渔业基层经营组织创新又推动、孕育了生产关系的新变革。目前，我国沿海渔业基层经营组织发展创新面临新挑战：一是渔业劳动力结构的新变化。本地户籍渔业劳动力持续减少，外来劳动力不断增加，官坞村也是这样。二是渔业产权结构的新变化。养殖权在不断分化、集中。从村民平股，到能人集中养殖，生产资料不断地向有技术、有经济实力的村民集中。三是渔村经济基础的新变化。传统渔村已与基层行政村不能等同，部分传统渔村或已消亡。四是水产品市场结构的新变化。市场消费者的需求决定产品的价格和生产者的效益，市场的结构性饱和与初级农产品季节性过剩，市场激烈竞争。五是海域使用权变化，养殖海域发证、承包流转、退养征用等养殖用益物权的新变化。

（责任编辑：任晓霞）

中国海洋社会学研究

2016 年卷 总第 4 期

第 145～158 页

© SSAP, 2016

文化适应视角下失海社区福利服务
体系创新初探[*]

张 一[**]

摘 要： 失海社区福利服务体系与失海渔民文化特质的不兼容，是影响失海社区建设的主要因素。深入剖析失海渔民的福利文化诉求，改变政府、社会的认知偏差，是破解失海社区福利服务建设难题的难点与焦点。当前，将民主制度视为福利资源恰当运用的重要手段，由"维稳型"方法创新转向"民生型"体系创新，设计出符合失海渔民基本福利文化价值诉求的社区福利服务体系，对于加快社区福利服务建设具有十分重要的意义。

关键词： 文化诉求 适应性 民主 民生

引言

海洋经济发展不仅需要解决经济结构中产生的产业问题，还要解决社会结构中产生的生活问题。我国沿海渔村发生了显著的社会变迁，"渔村终结"这一问题十分突出，以调查地为例，既有的 20 多个渔村的上万名渔民，已告别渔民身份，成为新型社区（以下称为失海社区）的市民。由于

[*] 本文系山东省社会科学基金青年项目（14DSHJ05），中国海洋大学基本科研业务经费青年教师科研专项基金项目（201413038）的阶段研究成果。

[**] 张一（1985～），中国海洋大学法政学院讲师、博士，研究方向为海洋社会学。

其自身的特殊性，渔民的失海过程不仅是一个自然环境过程，还是一种社会－经济－文化过程。大多数失海渔民不得不为生活世界的变迁而重新设定自己的生活逻辑，然而，受政策空间的有限性、自身力量的薄弱、社会关系纽带断裂等诸多因素的限制，他们很难适应新的生活样式，而这些问题则需要通过经济资源补偿和福利政策来加以解决。因此，失海社区福利服务体系构建是失海社区建设的重要基础性工作，是破解失海问题的重要环节，而研究失海社区福利服务问题是一个现实意义大于理论意义的命题，本质是为了帮助失海渔民在社会化断裂之后重新社会化，保证失海渔民正常分享社会经济发展成果。长期以来，随着港口建设以及工业化、城市化步伐的不断加快，沿海地区驶入了经济发展的快车道，这种影响已波及沿海城市居民的日常生活，并正在积极向农村社区扩展。失海问题的解决之道，尚处于探索期。失海渔民群体并不意味着是弱势群体，渔民转换身份后，也势必会对物质和精神文化生活有着新的、更高的要求，失海社区福利服务供给状况也必须适应经济社会发展阶段的新形势。研究失海社区福利服务问题，从理论上来讲，符合经济结构社会嵌入性理论中所指出的由释放市场力量向保护社会转变的发展趋势，也符合社会福利多元主义理论中关于多元供给的主张；从现实意义上来讲，没有失海渔民福利文化价值基本诉求的研究，城乡居民的诸多福利诉求也无法得到有针对性的满足。因此，本研究在国内外现有理论成果的基础上，以典型失海社区调查为样本，以期明确失海社区福利服务建设的宏观路径和保障措施。

一 失海社区福利服务现状分析

（一）资源配置过程是自上而下的行政主体行为

当前，解决失海渔民问题的基本模式是以产业结构转型为驱动，以"撤村建居"为生产生活平台，以经济补偿为基础，辅以就业安置新机制等一系列社会保障政策的生存型支持方式。在后发型海洋发展新阶段，如果没有政府的积极推动，就不可能出现整个沿海地区甚至全国性的发展。建设失海社区的原因在于开发区的建设和快速发展导致的对土地特别是对海域的大量需求，原来的渔村社区转变为城市社区，而政府对于渔民一般采取集中安置的方式。与西方国家以政府为主导的自发性和自下而上的运行机制不同，失海社区的发展是政府自上而下的行政主体行为，这不仅体现在政府在失海社区的建设规划及失海渔民安置过程中处于主导地位，更体现在以行政命令方式开办的自上而下的服务项目数量处于绝对优势，举办的服务项目与政府的资金投入、政府的重视程度存在绝对关联上。

这种自上而下的资源配置，呈现浓重的行政色彩。尽管可以体现我国"举国动员"的政治特色，在时间层面上，保证旧村改造及渔民身份转换的速度，但极易疏忽失海渔民及家庭福利供给压力问题，实际上产生一种对失海渔民的排挤效应，这既不符合社区福利服务发展的一般规律，也不利于社区福利服务供给效率的提高。社区福利服务良性发展的重要指标是社区主体性发挥作用的程度，村居委会应是提供社区福利服务的关键主体，但依据现有管理重心，村居委会已成为政府深入社区的一条腿，工作重心向行政工作倾斜，服务主体意识较为淡薄，"上头热、下面冷"的现象较为突出，其工作动力是建立在政府重视程度上而不是渔民本身，这势必导致村居委会无暇顾及渔民的合理诉求。

（二）资源配置定位是重普适性服务

失海社区的福利服务主要依靠政府的资源注入，通过管理维稳事务、补偿项目服务供给、产业结构转型、人员遴选及政策支持等，为失海渔民搭建普适性公共服务平台。而社区自身未能完成身份转换，依旧延续过去的工作方式，根据职能部门的具体要求，有针对性地向特定人群提供有限服务，为提供精细化服务而忽视社区多元需求发展。失海社区设立的初衷是缓解渔民身份转换压力，承接政府、渔村的工作。但是，这种重管理、重补偿服务的项目供给，忽视了基础性的针对社区弱势群体及家庭的福利服务供给，其行政化、商业化色彩越来越浓，反而使社区服务越来越失去福利性特征，背离了设立的初衷。

检验社区福利服务效果的关键因素，是能否准确确认服务目标。当前，确认与扶持目标不统一，造成失海社区福利供给和福利需求之间不一致，极大地限制了服务的针对性。如我国正处在老龄化发展新阶段，失海社区应承担的为老服务任务越来越重，尤其是高龄老人迫切需要社区提供生活照料和医疗服务，然而，社区给老年人提供最多的是文化娱乐活动；至于失海社区急需的专业化服务，诸如心理慰藉、就业咨询、康复训练、问题青少年行为矫正、暴力家庭辅导等知识含量较高的服务内容，还没有普遍开展起来；目前提供的福利项目，由于受社区福利服务质量、服务人员素质、设施、价格等因素的影响，一些服务项目处于闲置状态，这又造成了新的资源浪费。这说明，当前提供的社区福利服务资源不能满足真正的需求，或者说现在提供的社区福利服务项目并不是失海渔民所急需的，这导致很多福利服务无效，社区福利服务的定位出现了严重偏差。

二 失海渔民的福利文化诉求特质

无论采取何种社区福利服务供给模式，都必须要解决适应性的问题，如果没有对目标群体的生产生活实际情况的充分了解和掌握，那么所提供的服务将是片面的，脱离实际的。无论采取何种模式的社区福利服务供给，都要以失海渔民的基本福利文化价值诉求为基础，深入剖析失海渔民的福利需求，改变政策决策者的认知偏差，而这是当前工作的难点与焦点。

"失海渔民"不仅仅失去了海域、滩涂等生产资料，还失去了附着在渔业户口上的权利，失去了延续传统渔业村落的生活习惯以及随之产生的渔业文化的物质和文化基础。即使他们重新投入渔业生产的行列，但由于其生产成本、工作环境和工作性质也发生了变化，所以受到"失海"与"撤村建居"的双重影响。在建设失海社区的过程中，尽管"社区是我家，管理靠大家"的现代理念尚未深入人心，但失海渔民的社区意识逐步增强，失海渔民所选择的福利需求类型与其社区社会关系经验和家庭福利供给压力高度关联，其对社区福利服务的需求呈现出发展性、全面性的特点，需求层次与个人利益紧密相连且极具时代气质，这些特征影响着失海渔民的思维模式，他们自觉或不自觉地在行为上接受规范，这些构成了社区及失海渔民的"福利文化特质"。

（一）失海渔民福利文化特质的主流趋势是个人利益意识普遍觉醒

失海社区文化开始世俗化，个人利益是最重要的推动力，失海渔民对于民生事务层面的追求高于对社区自治的认同，需求层次与个人利益紧密相连，基于便利性和经济因素的考量，各种需求类型的选择具有实用性。也就是说，如果一种社区福利服务要扎根于社区，就必须重视民生需求在社区福利建设中的作用。一方面，失海渔民已能够在经济收入、生活方式等方面较好地适应城市社区，而且在生活形态等方面也已初步具备了一些城市生活的特点，并在心理上对城市的部分生活方式给出了肯定的评价，这无疑大大缩短了原来渔村城市化的进程。其中关键原因是，失海渔民的求职状况较为理想，尽管失海渔民处于整个劳动力市场的较低端，但超过80%的人都有自己的职业，而且安置补偿方案，使绝大多数失海渔民有经济上的保障。另一方面，失海渔民的微观福利需求是从家庭生活中产生的，这是经济社会发展中必然出现的社会性问题。由于缺乏一定的社会关系及人力资本、年龄偏大、缺乏技能、文化水平低等，一部分失海渔民成为社区"弱势群体"，其经济收入还不能助力其进行身份转换，家庭难以独立承担此类风险，家庭服务功能在身份转化的过程中逐步外化，诸如老年人服务、儿童青少年服务、低收入家庭服务、残疾人服务、家政服务等是失海社区有必要重视的社区服务项目。

（二）失海社区的社会交往具有较强的内倾性

在失海社区，失海渔民在与城市社会的互动中逐渐出现了现代元素，同时某些传统的价值元素或文化特征并未明显衰退而是继续得以保存，由此就形成了传统性和现代性同时共存的局面。首先，失海渔民对城市认同仍然停留在浅层层面，由于在个人素质、职业技能等方面并未跟上城市的步伐，与城市居民相比，他们明显缺乏竞争、自主、向上的意识，对于城市法律、规则意识和快节奏的城市生活方式，有一部分渔民还是感到很迷茫。他们的社会认同系统部分还停留在原来的渔村，在他们内部，基本上还保存着渔村原有的价值观念或者行为方式。比如，失海渔民的休闲方式较单一落后，多为静止性的、成本低的休闲方式，不具备十分明显的城市生活特征，且部分人存在赌博恶习，部分失海渔民的消费方式还略带有小农自给自足的色彩；其次，和谐社区从本质上体现为社区内不同个人之间的和谐关系，居民所拥有的社区网络类型和自身利益之间的关系是影响和谐社区建设的关键指标，在本文的语境下，即指失海渔民从事生产活动获得利益的基础与关系网络。已有的研究表明，我国的社区由于单位解体和住房商品化，处于日趋碎片化的状态，很大程度上是一个陌生人社会，已不是腾尼斯所理解的生活共同体。在调查中发现，失海社区的社会网络构成仍具有很强的"中国社会格局"的烙印，失海渔民进入城市社区后的交往范围仍然主要集中在亲戚、家人等由血缘和地缘结成的社会关系上，失海渔民在遇到困难时首先想到的人是亲人、朋友和原村干部。人与人的结合方式仍以情感为主要纽带，通过情感渠道而获得的信息，比较容易对失海渔民产生正面或负面的影响，情感关系网络成为左右社区心理认同的重要因素，这是门槛较低的一种构成，具有一定的内聚性。最后，失海渔民参与社区活动的积极性不高。理论上讲，社区参与是失海渔民融入社区、维护基本权益的保证，其参与意愿则是决定局部社会关系网络能否转化为社区社会资本的关键。然而，由于失海渔民缺少沟通平台，这种利用熟人关系建立的社会网络半径较小，对于社区参与的自我认知不足，使他们对于与自身利益不相关的事情表现出漠不关心，缺乏社区主人翁意识和应有的权利意识，他们好似置身社区之外的过客，对社区福利服务的相关信息缺乏了解。可以看出，失海渔民对社区福利服务的需求程度主要集中在个人及家庭两个方面，但是影响其对社区福利服务需求程度的因素主要是个人在社区的社会关系网络，这从侧面反映了失海渔民还不适应现代城市生活的社会支持，不能很好运用社区的力量，而社区熟人资源是值得关注的社区福利资源。

（三）失海渔民服务需求在不同类型社区呈现不同的发展趋势

社区归属感与他们的生活环境相关联，社区所处的地理位置、周边环境以及社区中的人口特征、分布状态等要素，直接决定了社会交往的机会和可能性，按利益群体划分的社区格局越来越明显。由于他们的居住地域相对集中，从观念形成角度看，同一社区地域范围内的居民在生理、社会、心理文化素质方面的认知上具有一定的同质性，不同类型的社区形成了相对稳定的生活方式和价值观念。依据划分标准不同，社区可以划分为优势社区（城区安置小区）和弱势社区（郊区安置小区）。如优势小区中的失海渔民，认为社区服务太少，难以满足需要，其医疗需求与就业需求比较强烈，而弱势小区存在一种对拆迁分房不合理问题的不满情绪。社区福利需求发展的不同趋势体现在不同社区、不同阶层的需求差别上，社会弱势群体对低层无偿性的福利服务仍有一定的需要，中层居民有一定的支付能力可以满足自己对服务的需求，至于上层居民更看重服务的品牌和质量①。也就是说，现在的民生与时代同步，其内涵也在不断丰富，当居民的基本生活需求得不到满足的时候，对其他需求的认知就会受到影响，自然也不存在追求上一层次社会服务需求的动力，而某一层次的需求相对得到满足了，需求就会向高一层次发展，追求更高一层次的需求就成为驱使行为的动力。

这样看来，失海渔民的文化特质决定了他们对感性层面——民生事务——的积极需求要高于对社区自治任务的认同，把地域与自身条件当作自我发展的最关键因素。失海渔民在福利需求满足方面存在规律性的同质因素，这也内化于文化特质之中，使需求带有"文化"的痕迹，因此只有符合文化特质的失海社区福利服务设计和运作才会对失海渔民的生产生活模式产生有效影响。

三 问题内在机理分析——与失海渔民福利文化特质不适应

英国学者布兰德肖认为："如何界定需要是社会政策与福利工作的核心，是福利机构与福利制度运作的基础。"② 这就意味着，福利供给必须考虑具体的文化背景，适应需求者的文化诉求，才会获得信任或认同。研究失海社区福利服务的必要性正是源于这种"服务与福利文化特质脱节"的现状。可以说，造成许多社区福利服务实际收效甚微的原因是体系设计的问题，体系设计在本质上决定了福利资源的分配与运行方式，设计者没有真正从失海渔民福利文化诉求出发设定福利服务体系，设计安排的不合理，势必导致失海渔民福利服务资源的相对剥夺。如不能与失海渔民的福利文化特质相融合，就难以对其产生效用，失海渔民就会游离于福利服务体系之外，即使享有福利资源，也会影响失海渔民与福利资源的有效耦合。

（一）福利服务功能单一导致的不适应

合理的福利服务必然是能够提供一种安全感的服务，就像吉登斯所说

---

① 王齐彦：《中国新时期社会福利发展研究》，人民出版社，2011，第176页。
② Bradshaw, J., "The Taxonorny of Society Need," *New Society*, 1972.

的一种"社会惯例"，所体现的安全感是失海渔民对福利服务的评价，失海渔民对社区福利服务认同的程度，同他们从福利服务中获取的安全感多少有关。尽管失海社区福利服务开拓了一些新思路，但社区福利服务管理与运行仍有很强的目的性和权威性，注重突出社会控制和社会整合功能，强调对失海渔民意识形态的引导，通过赋予福利资源，从而产生凝聚力和义务感，解决由于经济高速发展带来的社会紊乱等问题，达到以较小的成本，维护社会稳定的目的。从社会发展现状来看，其发展思路是有合理性的，稳定是发展的保障，是政府主导社会治理的前提，微观上的社会服务可以和稳定联系在一起。但是，通过微观社区福利维护社会稳定，这只是社区福利服务的一项基本功能，而其他两个功能，即社区服务和社区文化建设还需要受到重视。当前，如何发挥社区在就业过程中的作用、如何引导失海渔民适应社区管理模式、如何积极参加社区活动问题等均缺乏系统科学的规划，这是问题的关键，总之，社区提供的制度性社会支持还存在不足之处。而问题的焦点在于，当一项服务不能为一定文化所认同时，作为这项服务受益者的实际状况可能是，既没有参与的资源，又没有实践的意向。尽管一些福利资源满足了失海渔民的需求，但所有的福利服务都必须经由失海渔民自身的文化思维模式认知后才能进入实际的社会生产生活，对失海渔民产生影响。上文说到，失海渔民对民生事务的需求高于对政治任务的认同，对于物质福利的追求要高于对政治福利的追求，而这种生活化的福利问题，单纯通过行政任务化解决，就会导致只注重社会稳定的效果。设计的初衷偏离了目标，就会忽视对于失海渔民需求和家庭福利供给压力的考量，没有为形成私人生活空间创造制度条件，这与大力倡导的社会福利社会化发展方向有很大差距。以"维稳"为目的的社区福利建设，自然不能失海渔民对产生激励。

（二）福利资源分配不均导致的不适应

体系设计在本质上决定了福利资源的分配与运行方式。近年来，许多地方政府普遍采取"撤村建居"的方式推进渔民身份的转换，实践中虽然取得了一定的效果，但工具理性强化、消费主义蔓延、突击开发等因素，导致市场成为影响社会生活与资源配置的重要因素，这其中存在不少的问题，在这种背景下失海社区建设也异化成为经济发展服务的配套工具。客观的情况是，失海社区往往位于城市的边缘地带，在居住空间上与城市分离，因此失海渔民不便于利用城市里的各种社会资源，极易形成"都市村庄"，阻碍了失海渔民通过与城市市民的充分交流而从城市市民那里习得城市社会深层的价值标准、行为理念，不利于失海渔民转换身份。事实上，失海社区福利的发展很大程度上依靠地方政府的政策倾斜和资源投入，而建设资源分配很大程度上体现了当权者"利益政治"的指标，当权者关心的仍是地方政府在社区的控制权和政绩，这背后体现了市场逻辑的普遍化和中心化，未体现出社区福利服务的社会效益。政府将资源倾斜到具备外溢性的社区基础设施建设，这为政府解决再就业的岗位，而针对失海渔民的福利性公共产品的供给动力不足。此外，在社区提供的有限的福利项目中，商业性项目和设施性项目层出不穷，但这只能满足一部分失海渔民的福利需求，社区福利的市场性过强，违背了社区福利的"福利性"初衷。这里要强调的是，福利服务安排必须考虑失海渔民实际的承受能力与需求，而以市场化为逻辑的基层社会生活建设，忽视了以居民生活为核心的原则。由于不同社区、不同人群的需求程度、类型不同，不可能用同一标准去衡量不同的需求。如政府过多地投入公益性福利设施项目开发中，就会造成健全人与老残群体争夺福利资源的局面；商业性组织以追求经济效益最大化为目标，使得在服务对象方面具有明晰的限定性，而贫困群体也有改善生活水平的需求，单靠商业性福利项目是杯水车薪。服务安排与失海渔民的福利需求状态和预期的矛盾，使得福利服务发展缺乏动力。

（三）失海渔民参与权缺失导致的不适应

参与感是对社区福利服务作为一种公平机制的参与意愿与感受。福利服务缺少针对性的重要原因，是在当前社区福利服务政策安排中，失海渔民没有成为政策设计的主体之一，在政策设计中缺少话语权，因此政策并不能真正反映其实际需求。实质上是在体系设计生态中，还缺乏一种"民主"机制，使福利服务建设缺少按失海渔民意志出发的途径。失海渔民要依赖的组织形态就是社区，社区管理是否良好将在很大程度上影响失海渔民能否顺利完成其身份转换。调查发现，现有管理及标准和城市社区之间还存在不小的差距，现在的居委会成员大多是原来村委会的人员，他们大多缺乏现代社区管理的经验，处理问题简单粗暴，不能很好地保障失海渔民的知情权和参与权。上文中说到，影响失海渔民对社区福利服务需求程度的因素主要集中在个人、社区两个层次，个人因素与社区因素互为因果。失海渔民的社会关系网络为家庭和社区熟人，对与非个人利益相关的事情关心程度不足，不了解、不熟悉相关社区福利服务信息。种种问题都是失海渔民参与权缺失的外化表征，目前社区福利服务参与认知观念相对落后，不少失海渔民将社区福利服务视为政府、居委会的事情，依赖心理和领受意识强，这导致失海渔民只能被动地接受服务。从理论上讲，积极的求 - 助关系的强化条件主要是福利供给者提高求助者对相关信息的了解与掌握程度，降低求助者个人估计与认知的求助成本。不了解相关福利服务信息和缺乏需求诉求渠道互为一体，失海渔民就难以掌握自己的福利资源，因而，考虑求助的付出成本，失海渔民就不会主动寻求来自社区的帮扶，对社区缺乏基本信任，导致求助社区福利服务中断事件时有发生。因此，如果不了解相关福利服务信息，失海渔民就难以掌握自己的福利资源，失海渔民对于政策的决策没有"发言权"，导致失海渔民只能被动地接受，使政府政策设计与居民实际需求之间产生偏离，达不到应有的效果，很难有效地动员和组织福利资源为失海渔民提供稳定、长期的支持。此外，社区福利服务本来具有很强的群众自治特征，这与社会组织的活动宗旨具有内在的契合性相关，社会组织理应在此领域发挥重要作用。社会福利的供给主体是政府、居委会、社区组织、经济组织、家庭、个人的多元组合体，而通过行政命令自上而下的社区福利服务的实施主体只能是承担众多政府功能的社区居民委员会，这也不利于其他供给主体参与意识的培养和供给能力的提高。

四　失海社区福利服务体系创新的基本路径

在社区福利服务过程中，怎样设计出合理的项目，怎样在实施时实现高质高效的运转，是亟待解决的问题。据此，就应当把社区福利服务体系的创新和上文所说的政策安排与"文化"之间的矛盾联系起来，以此为出发点构建更加完善的社区福利服务体系，为失海渔民提供最大限度的政策性保障。任何一项政策安排，都需要将其置于受用群体的文化特质中加以考察，既要关注导致福利需求的各种直接的具体原因，也要关注社区福利服务供给的深层社会文化背景，这也给社区福利服务体系创新指明了道路，许多制约发展的矛盾将有望得到缓解。

（一）失海社区福利服务体系创新的基本思路

失海社区福利服务体系创新，目的在于通过资源整合以更低的成本解决更多的现实问题。在后发外升型渔民市民化过程中，失海渔民的发展空间进一步扩大，这不仅仅意味着其在职业、地域和身份上发生改变，还意味着居民权利的全面提升和扩展，体现"还权于民"的本质。据此，应当把失海社区福利服务体系创新与"福利文化特质"关联起来，必须与社区实践中表征的基本福利文化特质相适应。

失海社区福利服务体系创新必须扎根于基层社区，应以提升失海渔民生活质量，破除"失海"与"撤村建居"的双重影响，创造安定有序、充满活力的社区环境为最高价值目标，由以往"维稳型"方法创新转为"民生型"体系创新。失海社区福利服务体系创新必须运用系统思维，从社会治理体制创新这一宏大社会背景出发，以社区全体居民尤其是孤、老、残、幼等特殊困难群体的实际需求为出发点和落脚点，将"民主制度"视为保证社区福利资源恰当运用的重要制度基础，以不同社区的福利文化特质作为社区福利服务资源设计、整合、实施的平台，从政府、市场、社会之间的动态平衡关系维度来合理地设计社区福利服务体系。失海社区福利服务体系创新的基本定位应当是社区内外管理与运行的整体性、持续性和协调性的体系创新，是将资源、权利、利益置于民主系统中考量的体系创新，是融合公平感、主体秩序与活力、符合帕累托改进的体系创新。

（二）失海社区福利服务体系创新的关键环节

从福利文化特质适应性的视角来审视社区福利服务发展中的问题，就是要求失海社区福利服务发展要紧紧围绕失海渔民的实际生活问题，这是相关政策设计与具体服务项目开展必须紧紧围绕的核心。由于失海渔民身份转换的需求和家庭自服务之间存在差距，因此，失海社区福利服务供给的核心是满足当前家庭不能够满足的福利需求，这是失海社区福利服务所应努力的重点。从理论上讲，现有失海渔民的福利需求是因渔村终结而从家庭生活中产生的，这是经济社会发展中必然出现的社会性问题，而通过为家庭提供支持性的社区环境，不仅可以帮助有福利需求的家庭，还能调节个人、家庭、社区、政府、市场等之间的关系，它与政治色彩浓厚的社会控制不同，是通过安居乐业来达到创建和谐社区生活环境，实现渔民身份转换的。

当前，失海社区福利服务建设的重点发展方向是通过对家庭、社区社会关系网、现有社会福利资源的整合，来达到提高社区福利供给和服务质量的目的。失海社区福利服务建设尚处于成长的关键期，还很不成熟，不可能走发达国家通过组织化建设来进行社会开发的道路。实际上，由于政府都是在各种资源有限的情况下，解决失海渔民的问题，因此就更需要将有限资源合理规划、科学配置，通过打造"小社区、大服务"格局，对现有资源进行整合。核心就是要谋求政府权威的功能优势、社区（社会组织）服务的功能优势与市场交换的功能优势的有机结合互补。具体理解为以下三个方面，一是政府主导的内涵。失海社区福利服务本质上是因渔村终结与家庭自服务困境而产生的一种新生事物，它属于公共事业范围，因此，社区福利服务首先是一种政府行为，自然就以政府引导和推动作为原动力。政府应当是间接管理者、政策引导者、发展规划者、资源协调者，注意协调宏观管理与具体服务之间的关系，将侧重点放在社区福利服务内外环境上，促使其向制度化方向有序发展。二是社会运作的内涵。社会自我发展的能力还很薄弱，政府也正处于赋予社会地位与培育社会自我发展能力的双重任务之下，为此，在社区福利服务过程中要明确社会运作的真正内涵。社区福利服务中的社会运作，重点是破解政府无力包办社区服务一切事务的困境，而不是倾向于社区福利服务工作的自治管理，实质是决策和执行的分离，即让社会力量担当直接服务者，通过契约化管理等形式清晰界定政府与社会之间的关系，充分发挥社会力量沟通政府、贴近百姓的优势条件。这既可以体现政府职能向社会赋权的转变，也可以通过服务队伍的打造，发挥就业的集聚功能，间接培育社会力量自我发展的能力。三是市场机制的内涵。市场化运作本身并不是社区福利服务的最终目的，也不仅仅体现在增加失海渔民产业结构转型服务的项目上，其目的在于引入竞争机制和标准化管理经验，提高质量和效率。引入竞争机制是社会运作的必然延伸，政府的决策和执行分开，并不意味着社会部门承担原先政府部门的公共服务就一定有效率，其中的关键因素是供给服务组织之间存在竞争，组织内部有一套行之有效的管理模式。

此外，失海社区福利服务体系创新发展方向的选择，要立足于实际，与经济社会发展水平相适应，可根据不同地区、不同时期的发展程度，设定阶段性目标，在稳定有序的环境下加快建设步伐。不同地区的发展水平参差不齐，而且由于不同阶层之间的支付能力、需求层次上有着很大的不同，开始出现不同类型的社区，这就决定在注重总结推广经验的同时，不能用同一把尺子，不能盲目实施，要结合实际，有侧重点地加以规划。

（三）失海社区福利服务体系创新的重要手段

社区作为培育和发展社会自治和自我管理能力的社会空间，是政府主导推动社会治理体制现代化的重要环节。国际经验表明，社会民主的发展是社区福利服务事业发展的巨大动力，其重要表现是共生、共存理念。失海社区福利服务体系创新的过程应该是一个官民协作互动的过程，是打造社区民主环境的过程，也是去行政权力、逐步还失海渔民自治权的过程。当前，要将失海渔民的福利文化特质作为决策的重要依据，要将社区福利服务视为一种长期的、动态的过程，要加大社区福利政策宣传力度，动态地考察失海渔民的社会交往空间及资源，细致了解失海渔民的传统习惯、心理活动及知识体系等文化多重因素，从经济、社会、心理等方面综合地对福利需求进行评估，为制定各项政策提供科学依据，将数量指标向福利服务实际效果指标转变，及时调整，保证服务的实效性。

具体理解为以下两个方面，一是社区服务需求多样化是大趋势。努力通过不同类型的福利服务，将社区的各类人群全部纳入服务，建立符合失海渔民共同利益的社会福利体系，充分尊重失海渔民的生存权和发展权。通过民主化参与，让其更好地融入社区，更有尊严地生活，实现社区福利服务的普遍化。二是，社区福利服务一定要根据失海渔民的基本需求而确定。社区福利是一种提供满足福利需求的产品和服务的社会政策，它与失海渔民的需求相关联，体系的功能就是为了满足失海渔民的基本需求，因此其提供的服务一定也要根据失海渔民的基本需求而确定。在安排社区福利服务时，应尊重不同社区、不同个体的基本文化价值诉求，这不仅体现民主理念，更体现民生关怀。当前居民对福利性服务需求较多，这就要求改变重点建设行政事业性服务和商业性服务的取向，充分考虑居民的需求情况，将提供多元化福利服务作为满足当前失海渔民福利需求的一种手段。在具体操作环节上，必须强调服务体系设计过程的互动性。参与是福利多元主义的核心概念之一，也是动员社区社会资源的重要议题，更是解决社区福利服务长效问题的关键要件。在体系设计及实施全过程中应该把失海渔民的"参与"放在首要考量的位置，充分尊重失海渔民的知情权、参与权、选择权，建立健全以"赋权"为核心的各类失海渔民的参与机制，使社区福利服务体系不仅是提供福利资源的方式，也是一种倾诉求助的通道。

总之，创新失海社区福利服务体系，一定要发掘失海渔民福利文化的内在内容与特性，使其适应文化的基本价值诉求。只有与这一群体的福利文化特质相融合的政策设计，才能作为体系创新的成果，实现它的福利功能。而且通过供给从实际出发的福利服务，能增强居民对社区的归属感，共同关注自己需要面对的生活问题，扩大其社区社会关系网络，增强居民之间的利益连带意识，唯有如此，失海渔民才能积极地参与到社区建设以及社区治理当中，而这对内聚于一定文化中的失海渔民个体具有持久的有效作用。

（责任编辑：胡亮）

中国海洋社会学研究

2016 年卷　总第 4 期

第 159～173 页

© SSAP, 2016

公司化治理：渔民合作社发展路径的探析

——以广东省阳江市东平镇渔民合作社为例

林小媛　高法成[*]

摘　要： 面对发展农业经济的迫切要求，仿效农民合作社成立的渔民合作社，是一种重要的制度安排和创新，一定程度缓解了渔民生产能力落后及海洋生态环境破坏加速的问题。但渔民合作社的发展也存在诸多问题，合作社遭遇组织力量薄弱、竞争力不足、生产资料占有不均衡等问题，最终导致绝大多数的渔民合作社名存实亡。广东省阳江市东平镇的某渔民合作社却依据现实问题另辟蹊径，进行组织转化、优化资本、生产创新，靠建立适应市场的公司制度而发展起来。本研究发现，渔民合作社转向公司化治理，扩大规模、提高知名度、提高生产要素间的配置效率，应该是渔业经济发展的重要方向。

关键词： 渔民合作社　股份制　渔民分化　公司化治理

海洋渔业是现代农业和海洋经济的重要组成部分，渔民专业合作社（也称：渔民合作社）是渔业领域重要的制度创新，对联合松散个体渔民、提高渔民组织化、增强市场竞争力、维护渔民合理利益以及改善生态环境都具有无可比拟的重要性。同时，渔民专业合作社作为一个中介组织，构

---

* 林小媛（1992～），广东海洋大学政治与行政学院社会学专业 2012 级本科生；高法成（1976～），广东海洋大学政治与行政学院社会学系副主任，博士，研究方向为人口与文化、经济社会学、社会工作。

建了一种"政府—渔民专业合作社—市场"框架体系。它在其中的沟通联系作用可以促进"小政府，大社会"的政府职能转变，也降低了渔民和市场之间的交易成本，极大地推动市场经济和社会的发展。在近十年的发展过程中，渔民专业合作社的数量及涉及的产业也不断增加。渔民专业合作社的发展确实为渔业经济提供了发展动力，取得了巨大的成就，如提高渔民的组织化水平、增加渔民在市场中的话语权等。但渔民合作社在发展中也出现了规模难以扩大，以合作社为幌子骗取政府补贴而无实质意义的经营，渔民对合作社认同度不高等问题。

一　关于渔民合作社研究的文献

学术界对渔业以及渔民的研究从 2005 年到 2015 年数量激增，多数论述的是渔民转产转业和渔民增收的问题，如徐敬俊、吕浩、王建友等人对渔民转产转业从不同的视角进行了综合研究，主要论述了转产转业政策的实施效果、政策分析、应将渔民市民化等观点。① 马毅、马文才等则对渔民群体所处的弱势地位、宏观和微观的形成原因以及建立渔民社会保障体系和健全渔民增收机制等进行了探讨。② 这些研究忽视了可以稳定渔民组织、提高渔民市场竞争力、增强集体增收能力的渔民合作社，目前可以看到的十多篇关于渔民合作社的文献，多是借鉴农村合作社的经验而总结概括出来的，既没有探究渔民合作社的实际运作，也没有涉及渔民合作社的实际生存状况。对我国最早的渔民组织形态进行探究的是张震东、杨金森。1983 年，他们整合渔帮、渔业公所和渔团资料，勾勒出我国整个渔业行帮组织的基本轮廓，为我们论述了渔业生产的发展历史，较为详细地记述了渔业行帮组织的产生、发展、变迁以及作用。③ 邓云峰则利用制度经济学、博弈论等理论对渔业中介组织的形态、类型、发展阶段等进行了研究，构建了

---

① 徐敬俊、吕浩：《足额补偿沉淀成本促进渔民转产转业》，《2007 年中国渔业经济专家论坛——渔业增长方式转变学术研讨会论文集》，2007；王建友：《渔民市民化与"三渔问题"探析》，《浙江省社会学第六届会员代表大会暨 2010 年学术年会论文集》，2010。

② 马毅：《我国弱势捕捞渔民权益保障问题研究》，硕士学位论文，复旦大学 MPA 专业，2009；马文才：《海洋渔业资源集约利用下的我国渔民增收研究》，硕士学位论文，中国海洋大学劳动经济学专业，2008。

③ 张震东、杨金森：《中国海洋渔业简史》，海洋出版社，1983。

渔业中介组织的框架。① 于会娟的研究从成员异质性角度出发探讨成员异质性对渔民专业合作社的影响，并对出现的具体问题提出了改进思路，为渔民专业合作社的规范和健康发展提供了参考。② 杨立敏通过借鉴日本的协同组织发展，从博弈论的角度用建模的方式论证了"政府—中介组织—渔民"三方博弈的合理性和可行性，以及我国发展渔业中介组织的必要性和发展策略。③ 闫雪崧、张海清等分析了渔民合作社的发展机制。④

国外对于渔民合作社的研究早于我国，其获得的研究成果更为先进，因此整理和借鉴国外文献可以为理论构建提供更为全面而先进的支撑。关于渔民合作社的研究，日本已经有突出的尝试，即对日本的协同组合的研究。日本的协同组合是一个具有完善的法律体系的组织，在法律的引导下，该组织具有独立的运作方式，政府无权干扰，该组织的地位、职能、内部运行机制等都受到法律的保护，保障了渔业和渔民的发展权益。Yamamoto 认为日本基于社区发展的渔业管理能获得成功，主要归功于两点：一是日本法律对于渔业的支持，渔业在法律的保护下获得了自主权，不受政府支配。法律保护了渔业和渔民的权益；二是成立渔民主动参与制定管理计划的协调委员会。⑤ 娄小波和小野征一郎主要从三个方面对日本沿岸渔业管理进行了研究。第一，关于理性自主管理组织构造的特性分析；第二，利用文献法对日本沿岸渔业管理的其他课题进行了研究分析；第三，对渔业管理的外在特征、内在运行机制及发展现状进行了论述。⑥ 关于渔民合作社存在的必要性，不同的学者也做出了不同的解释。人们对海洋资源的认识从渔业资源无限性变为渔业资源枯竭。这与哈丁（Garrett

---

① 邓云锋：《中国渔业中介组织研究》，中国海洋大学渔业经济与管理专业博士学位论文，2007。

② 于会娟：《成员异质性视角下中国渔民专业合作社治理研究》，中国海洋大学农业经济管理专业博士学位论文，2013。

③ 杨立敏：《从日本渔业协同组合论我国渔民合作组织的构建——以海洋渔业资源管理为例》，中国海洋大学渔业资源专业博士学位论文，2007。

④ 闫雪崧：《渔业乡镇渔民合作组织发展研究——以冯家镇为例》，内蒙古大学公共管理专业硕士学位论文，2014；张海清、王子军：《我国渔民专业合作社治理机制问题调查与分析——以海水鱼养殖专业合作社为例》，《中国渔业经济》2013年第3期。

⑤ Tadashi Yamamoto："Development of a community-based fishery management system in Japan". *Marine Resource Economics*，1995（10）：21–34.

⑥ 娄小波、〔日〕小野征一郎：《沿岸漁業における漁業管理と管理組織》，《東京水産大学論集》，2001，第31～46页。

Hardin）提出的"公地悲剧"的论述观点存在相同点。他认为当自然资源没有限制属于自由准入的状态时，没人需要为疯狂掠夺资源后的资源恶化状况承担责任，就会导致"搭便车"和过度开发，最终产生资源生态的悲剧。渔民合作社的存在一定程度上监督了渔民的行为，这种合作模式也为发展远洋作业提供了机会，减少了零散渔民对近海环境资源的破坏。①而后，又有其他学者分别提出不同的论调，如博弈理论、交易成本理论、制度经济学视角等解释渔民合作社的存在是使经济效用达到最优的选择。

由国内外现有的研究可知，国外对于渔民合作社的研究发展早，并且从不同的角度对其进行了分析研究，研究成果较为成熟。但是对于这个领域的系统研究却相对较少，主要是基于经济层面的分析和理论构建。国内对于渔民合作社的研究发展晚，理论成果单一，缺乏前瞻性。关于渔民合作社的研究都是在合作社运行出现了较为严重的问题时才会被学者关注。国内关于渔民合作社研究的方法过多地注重理论分析和构建，而缺乏一定规模的实证研究，缺乏联系实际的实证分析就会导致研究不够系统全面、不够深入。现有文献的研究缺乏创新性，研究内容的同质化现象较为严重。

二 渔民合作社的内涵、类型及发展历程

世界上第一个合作社诞生于 1844 年的英国罗虚代尔镇，罗虚代尔公平先锋合作社是世界合作社的一面旗帜。最初合作社成立的目的是帮助弱者在经济方面克服个体的有限性和缺陷，直面市场经济的过度竞争。研究者对合作社进行了繁杂的定义，引起了学界的混乱。在 1995 年国际合作社联盟对合作社的定义做出了明确的界定："合作社是由人们自愿联合起来组成的，旨在通过共同拥有和民主控制来满足共同的经济、社会和文化需要的自治联合体。"② 这一定义被大部分国家所认可，各国对于合作社的概念达成了基本共识。

---

① Garrett Hardin："The tragedy of the commons". *Science*, 1968（162）: 1243 – 1248.

② ICA, "Statement of the cooperative identity, cited in Cooperative Principles, Theory and History". University of Wisconsin, *Center for Cooperatives*, 1996, see http: //ica. coop/en/whats-co-op/co-operative-identity-values-principles.

渔民合作社是合作社运动在渔业领域的一项重要的具体实践形式。世界上第一个成立渔民合作社的国家是印度，随之而来的渔业合作浪潮也蔓延到日本、巴西以及加拿大等国家。渔民合作社的空间范围和数量都在不断地扩大和增加。我国是一个农业大国，渔业作为大农业的重要组成部分，具有举足轻重的地位。我国在清末到民国已经形成了早期的渔民组织模式，如渔帮、渔团和渔民公社等。但是真正意义上的渔民合作社是在 2006 年《中华人民共和国农业专业合作社法》实施后才大量涌现和成立的。通过借鉴我国农业合作社的创制与发展，分散的渔民借助同样的经济组织形式联合起来，自愿互助、民主管理，形成向组织成员"提供渔业生产资料的购买，水产品的生产加工、运输、销售、贮藏，以及与渔业生产经营有关的技术信息等服务的互助性经济组织"[1]。

根据不同的划分标准，渔民合作社的类别也存在差异，如以创建合作社的主体不同可以划分为：能人牵头型、渔业大户牵头型、企业牵头型、政府兴办型。笔者主要从组织与渔民的紧密程度及组织的性质进行分类探讨，将其主要划分为两大类：会员制渔民合作社和股份制渔民合作社。

会员制渔民合作社在工商部门注册为企业法人，渔民进社后缴纳一定的社费、共享合作社内的资源，合作社调节渔民之间的关系，在一定时期内对渔民进行技术培训。会员制渔民合作社具有如下特点：第一，社员和组织联系较为紧密，组织的营利性、目的性属中等水平；第二，社员入社自由、出社方便，具有很强的自主性；第三，该类合作社在产前、产中、产后对渔民提供全方位的服务，但一般都是基础性的服务，同时该合作社也会开展生产经营活动。会员制的渔民合作社为提高渔民组织化程度提供了一个有力的平台，增强了渔民的合作意识，形成组织化生产，提高生产效率，促进了渔民增收增产。

股份制渔民合作社不仅具有股份制的优点，同时还发挥了合作制的长处，把股份制和合作制联合起来，是渔民合作社的又一种创新模式。它具有如下特点：第一，渔民可以利用资本、管理、劳务入股，在分配上实行按股分红的具有企业性质的分配模式；第二，股份制合作社一般拥有自己

---

① 陈自强：《中国渔业专业合作经济组织研究》，中国海洋大学农业经济管理专业硕士学位论文，2006，第 9 页。

的企业，属于实体型经济合作组织，在工商部门注册为企业法人；第三，一般都具有主要的大股东，如企业、渔业技术部门等，再吸收渔民注资入股；第四，出入社具有一定的限制，自主性受到限制。社员的进入要具有一定的条件，如具备资本、劳动技能、管理经验等，退社也需要找到相关的渔民承接自己的股份才可退出。

我国渔民历来以家庭或家族为单位进行分散经营，随着市场经济的发展，这种组织形式不但难以适应市场竞争的需要，同时对海洋环境的破坏也日益严重。为了保障渔民的利益，一些民间的渔业组织（如渔业生产互助协会）应运而生，但这些协会的发展只是为渔民提供一些技术指导，没有明确的服务内容，也没有制度的约束，渔民的认可度低。由此，国家政策的引导和支持也就成为渔民合作社发展的主要条件，政府的介入对于渔民合作社的科学发展提供了有利条件。政府会派选优秀的科研学者或企业家对渔民专业合作社进行指导，增加了合作知识的供给，缩短了渔民合作社的摸索阶段，降低了渔民合作社的组织和管理成本，现今渔民合作社数量不断增加。

三　广东阳江东平镇渔民合作社的运行特点

东平镇位于广东省阳江市阳东县，自古以来便有"南粤鱼仓"的美誉，拥有全国著名的"葛洲渔港"，是国内十大群众性渔港之一，属于广东省重点建设渔港之一。东平镇距离阳江市区 22 公里、澳门 76 海里、香港 120 海里，是海上运输的一个重要的基地；行政区域面积 101.6 平方公里，镇内总人口为 6 万多人，其中渔业人口 1.6 万人。

东平镇的渔业产业资源优势是：东渔港港池面积 2.2 平方公里，水深 5.5 米以上，可泊 1 万吨级货轮，同时还可以容纳 3000 艘船只，成为省内规划及设施建设两者俱佳的先进典型，是融停泊、避风、补给功能于一体的渔业后勤服务基地。港内配套设施齐全，满足渔业生产发展的需要。东平镇海域具有丰富的渔业水产资源，鱼类有 1000 多种，渔民能在海洋捕获经济价值较高和产量较大的鱼、虾、蟹、贝类，近 100 种。东平镇的渔业生产总值历来占阳江市首位，2002 年全镇工农业生产总值 7.8 亿元，其中渔业生产总值 5.2 亿元，占全镇农业生产总值的 70% 以上。渔业是东平镇的支柱产业。

东平镇具有繁荣的渔业贸易市场：东平镇渔港拥有阳江市五强水产品批发市场之一的东平水产品批发市场。2004 年该市场水产品流通量达 8400吨，交易额 2013 万元。东平镇逐渐成为阳江市乃至粤西有名的渔船中转站及渔货销售中心。

（一）东平镇渔民合作社的发展历程

在新中国建立初期，东平镇的渔民以渔村为单位建立起集体经济，形成一种以三级所有、队为基础的经营管理模式。当时渔村分为不同的生产大队，生产大队对渔业生产工具和渔民进行统一管理，渔民的合作组织形式就是围绕大队进行的统购统销。在 20 世纪 80 年代初，我国进行经济体制的改革，实行家庭联产承包责任制。东平镇落实省委、省政府发出的《关于政社分开、建立乡政权的通知》，公社、大队、生产队的体制改为地区性的农村"经济合作社"。原大队称"经济联社"，原生产队（有的一个自然村包含几个生产队）称"经济合作社"。在 1999 年 4 月，遵照省委、省政府《关于理顺我省农村基层管理体制通知》的精神，东平镇撤销"管理区办事处"，设立"村民委员会"和"渔民委员会"。现今，东平镇有 7 个渔民委员会，分别为红星渔民委员会、大澳渔民委员会、海胜渔民委员会、红旗渔民委员会、东方红渔民委员会、永利渔民委员会以及先锋渔民委员会。七个渔民委员会目前主要负责为渔民提供一些简单的产前产后服务，对渔民及渔船进行行政管理。渔民只需向其缴纳一定的管理费和公益金。从一定意义上来讲，渔民委员会承担了部分渔民合作经济组织的职能。

随着国家社会经济体制改革的深化，阳江市政府积极推动渔业专业合作组织发展。目前，阳江市共有渔业协会 11 家，渔民专业合作社 34 家。这些渔业专业合作经济组织的发展为东平镇渔业发展提供了重要的组织载体，为地区渔业发展提供了助力，与此同时也增加了渔民选择适合自己的经济组织的机会，为渔民的增产增收，提高市场竞争力做出了巨大贡献。

（二）东平镇渔民股份合作社发展现状

东平镇渔民股份合作社是以渔民张某个人出资购买三艘渔船，发动其他渔民以劳务和管理入股，双方各占 50% 股份的方式建立的。这种生产管理模式大大地降低了对渔民的资金要求。但是由于是起步阶段，渔民对这种经营方式仍然存在怀疑，因此一开始只有一位渔民愿意以劳务和管理入股。随着渔船的收益不断增加，同时张某自己也通过讲解培训的方式说服了各渔船船长与当地较为富裕的渔民以资金、劳务或者管理进行入股，于是大家的态度从观望转变为主动投资。目前该合作社以"渔业能人＋渔民合作社＋渔民"的发展模式赢得了广大渔民的信任。随后，在具体的经营管理中，张某带领社员明晰了自己在合作社的股份，最终使合作社具有了"产权关系明晰、责权明确"的特点，成为真正意义上的股份制合作社。股份制合作社在本地区归为企业法人，工商部门依据《公司法》对其进行管理和要求。随着这一合作社的发展壮大，为了在市场中获得更大的份额和竞争力，张某决定成立一家水产公司。因此，2011 年，张某作为法人代表在工商部门注册资本为 200 万元的水产股份公司，对外是企业，而内部的资金则转化了部分合作社社员的股份，形成公司与合作社独立运作，红利共享的企业管理模式。目前，通过渔民的入股投资，该合作社拥有 32 位股东，对渔船的投入达 67 船（次），每船的投入资金由 60 万元到 500 万元不等，合作社已经拥有 28 艘钢壳生产渔船和 4 艘钢壳辅助渔船，带动了 600 多人就业。

（三）合作社渔民成员的社会关系网络

东平镇内的渔民同样受中国传统文化中的宗族、地缘关系等的束缚。在渔民股份合作社内部呈现出一种以"能人"为中心，发展的社员大多都是与"能人"存在一定的社会关系的（或者是亲戚，或者是朋友）。发展社员主要依据传统的血缘、亲缘、地缘而建构的社会关系网。发展社员后，在某位社员获得了实质性利益后，又以某个社员为中心发展一个自己的圈子，从而社员的数量越来越多。一位股份合作社的社长在谈到合作社内的成员组成时说："我们的合作社面对的并不是所有的渔民，而只是属于本地的，即东平镇的渔民。合作社内成员在加入之前或多或少都是通过亲戚、朋友的了解和推荐而参与进来的。其次，我成立这个渔民股份合作社主要是为了带领东平镇渔民走向富裕，怀着的是一种家乡情和渔民的同乡之情。再者，由于海洋资源的有限性，本地区的渔民和外来渔民很多都存在着一些矛盾冲突，因此不希望外地渔民加入，害怕管理不善，矛盾激化。"对此，外地渔民认为："我们是外地来的渔民，除了我们家乡组队过来的人，我们在生产过程中基本不和本地渔民接触，因为他们觉得我们是外地人，抢夺了他们的资源。我也很希望加入渔民合作社或者一些生产互助协会获得一些帮助，降低生产成本，提高自己的市场竞争力。但是由于我们是外地人，没有人推荐。我们都不知道怎么参加，就看见个门口，连怎么进都不知道。而且他们这些组织一般都是加一些与自己有亲属关系、朋友关系的人或者是这里的本地人。我们外地人涉足不了。"

（四）渔民互帮互助、获利共赢的平台

某渔民合作社定期举办渔业生产培训会，即有关提高渔民生产技术水平，提高水产品产量的培训。同时也召开就渔民自身出现的一些问题进行总结和分析的交流会。在这些交流会与培训会上，每个渔民股东都可以自由地发表意见。这些培训会与交流会给了渔民一个互相了解和沟通的平台。通过这个平台，渔民之间建立了新的社会关系网络，在生产过程中遇到一些紧急性的问题可以相互照应和帮助。同时这种股份制合作社是以资本、管理、劳务入股的形式组织生产的，渔民之间是一种"一荣俱荣，一损俱损"的关系。通过分组，每组组长带领一部分渔船进行渔业生产作业。组与组之间互相监督，保证各个组都积极主动地进行渔业生产，形成一种共赢的局面。这种合作方式也让参与的渔民认识到，以前渔民都是个体分散的经营模式，个体没有强大的资本支撑，只能在浅海或近海作业，如此一来对渔业资源的抢夺十分严重，渔民之间矛盾不断升级，渔政常常要集体出动去调节渔民紧张的关系。现在资本雄厚了，把木质船改为钢制船、小马力船改为大马力船，面向深海作业。合作社内的渔民都互帮互助，因为出到深海遇到困难是致命的，只有组长协调，组员之间互相协助才能顺利完成渔业生产作业。在这样的股份合作社内，虽然有些股东并不熟悉，但是遇到问题他们都会毫不犹豫地协助和帮忙，形成一种和谐的社员关系。

四 东平镇渔民股份制合作社的内在运行机制

（一）股份制合作社的组织和管理架构

东平镇渔民股份合作社以社长为首成立理事会，其中社长为最大的理

事长。理事长（或称社长）很少参与渔民的生产合作过程，一般都是对合作社的大发展方向进行决策，承接一些大的投资项目，与外界企业、政府部门、其他协会等组织进行沟通交流，是合作社与外界联系的主要人物。社长之下为队长，队长也是理事会成员，队长主要是对组长进行一些培训，协调整个合作社的工作，进行一个总的分工安排。理事长一般通过直接联系的队长来获知内部股东在生产过程中出现的问题。理事会还下设监事会，监事会由组长和协调员构成，组长主要带领社员进行渔业生产作业，而协调员则主要做调节社员矛盾，保障社员关系和谐发展的工作。参股入社的渔民则组成社员大会。每个社员都以入社资金、管理、劳务为股份获得一定的权利。理事会成员、监事会成员都是参股渔民，是从股东里选取的拥有较多渔业生产经验并具有一定家族权威的人物。而理事则是入股最多的能人或者是企业的代表人，这类人拥有更多的社会资本、关系网络、经营管理经验，有利于合作社的品牌效应的发展、降低股份合作社的运行成本，在初期对合作社的发展具有重要意义。

股份合作社在成立之初允许渔民以劳务、管理、资金入股，以这三种要素认领一定数额的股份。在成立初期，一般是能人或龙头企业出大部分资金、吸收少量渔民出少量资金购买船只进行生产经营，渔民负责大部分劳动和管理，形成各占 50% 的股份的模式。随着合作社的发展，股份的申购一般都是以渔民拿出的资金多少为标准，而不再允许以劳务和管理的入股。因此股份合作社目前的资金来源主要是渔民的入股资金。但目前合作社中的理事会拥有合作社大部分的股份，进而产生了少数人持有大部分股份的现象，导致股权结构不合理。于是有股份合作社在"产权明晰、责任共担"这个原则上树立了股份管理的典范：合作社设有专门的会计师负责管理合作社的财务账户；合作社一年内三次向股东公布财务状况；股东对自己的股份具有自主权和明晰权。而形成的各个生产作业小组，在组长的带领下又形成了一种相互监督关系。同时，合作社还拥有专门的财务会计、专用账户。监事会则根据一年内的收益及劳动情况、参与积极性对股东进行奖励，既包括精神上的奖励，如召开社员大会的时候进行表扬及给予年度标兵等称号，还包括物质方面的奖励，会向这些优秀的股东给予额外的奖金。

（二）合作社强化了对渔民、渔业生态的保护，加速了渔民的分化

自市场经济确立以来，渔船个体化经营，单打独斗的渔民没有雄厚的资金建造规模大、抗风险能力强的大马力渔船，很多渔民都是在近海捕鱼，为获取更多的经济利益，私自改造渔网变成密集渔网，常常把大鱼小鱼一网打尽。渔民的无节制捕捞导致了渔业资源危机，不利于海洋生态可持续发展。随着渔业合作社的开展，合作社组织渔民组织化的大规模生产，由渔业能人与渔民一同出资打造钢制大渔船，提高了渔民抵御自然风险的能力。合作社也响应国家号召，发展深海渔业。如此一来，把原本近海捕捞的渔民聚集起来发展深海渔业，可以在一定程度上缓解近海捕捞的压力，缓解渔业资源的紧张，保护海洋生态可持续发展。

未加入合作社的渔民林某说："单个作业的渔民捕捞回来的海产，都是随便由那些收货老板出价。鱼价被压得很低，感觉与自己的劳动价值不相符合。而这些老板都相互沟通好了，老板收货都是一样价格，最后你没有选择只能卖了。再说了，我们都是把小船停回这个港口的，你不可能把货拉到其他地方卖，自己又没那种条件。"合作社的社长明确表示："我们自己合作社内的渔民捕捞回来的水产品，卖回给企业是高于市场价格的。如果不这样，合作社内的股东会有意见，因此我们必须考虑合作社股东的感受，我们都是和企业去谈价格，尽可能地为本合作社股东争取利益，提高他们的收入。"由此不难看出，股份合作社的渔民在市场上具有一定的地位，因为组织化的生产模式会形成一种整体效应，增加渔民在市场中的谈判优势，从而提高渔民的生产收益。

渔民股份合作社的成立在一定程度上加速了当地渔民的社会分化。由于进入股份合作社是需要一定的基础条件的，如资金的投入、渔船等生产资料的投入等。没有资本的渔民也就自然没有进入的条件。随着股份合作社及合作社规模化生产的发展，合作社给股东带来了强大的经济利益。参股的渔民经济实力越来越雄厚，其在一个较小的渔村社会中获得的社会地位也会越高。而那些没有资源和能力参与股份合作社的渔民，要么只能经营着自己的小船，保障自己一般的生活条件；要么就给合作社的渔民打工，

拿着维持基本生活需要的工资。如此一来，股份合作社的发展提高了渔民股东在渔港的社会地位，拉大了社员与普通渔民的经济收入差距，形成了新的渔民等级，加速了渔民的社会分化。

五　东平镇渔民合作社的发展路径：公司化治理

虽然渔民合作社近年来在东平镇乃至阳江市都呈现快速发展的趋势，但是以渔船个体经营为中心的渔民对渔民合作社仍缺乏了解和认识。笔者随机访谈了 10 位渔民，只有 4 位渔民知道渔民合作社这个组织，其余的对渔民合作社没有任何的了解。而这 4 位知道渔民合作社的渔民并未加入，渔民 A 表示："我们知道渔民合作社，和其他渔民聊天过程中知道的，只不过是聊渔政机构时顺带提过（渔民合作社），我知道这些组织但是我对这些组织不了解，也不知道如何加入这些组织，可能提供给我们的也是一些普通的帮助，没什么用。"不了解渔民合作社的渔民更多的是把渔民合作社和过去的集体经济的生产大队或者目前的渔民委员会相混淆。很多个体经营的渔民并不太了解渔民合作社，认同感较低，甚至有些渔民认为加入渔民合作社就是一些能人大户或者企业欺骗他们的手段，不仅不给予支持，反而还出现了抵制的情况。如某股份制合作社社长所言："在我们渔民股份合作社起步阶段，我把一些渔民召集起来聊天，提到成立一个渔民合作社，帮助渔民走上致富的道路，很多渔民直接拒绝我，他们认为我骗他们。他们认为自己生产作业很自由，我让他们加入合作社就是想要他们的生产工具，最后致富的是我自己。"事实上，这种低度认同与个别合作社成功的个案互相矛盾，是目前我国渔民合作社发展存在的主要问题，而股份制合作社虽然成功了，却也是因为受到低认同度的影响，后续发展中需要大量的资金与人才支持得不到满足，最终陷入踌躇不前的困境中。

（一）股份制合作社的发展受限

合作社的规模大小并不必然意味着合作社的综合实力强弱，但是在一定意义上代表着渔民合作社的资源整合能力及为渔民提供服务的能力和水平。首先，目前东平镇渔民合作社的数量较少，只有两三个。而且合作社的规模相对其他地区较小，如某股份合作社只有渔民股东 32 人，带动的渔民就业为 600 多人。与东平镇 1.6 万渔民相比，该股份合作社实际的覆盖面只有 3.75%。通过推算，所有合作社在东平镇覆盖渔民数量最多只有 10%。其他的渔民都未能加入渔民合作社中，参与组织化的生产经营。从这里可以看出东平镇渔民合作社的发展具有滞后性。其次，渔民合作社面对的社员区域跨度小，东平镇的渔民合作社基本局限在行政村内，合作社内的成员绝大部分都是在血缘、地缘关系基础上的业缘联合，具有十分显著的地域局限性。如此一来就会限制渔民合作社的发展规模，形成发展的瓶颈。

（二）股份制合作社缺乏市场人才支撑

东平镇渔民合作社的管理人员大多是合作社的社员，所谓的管理不过是因为这些社员有一定的家族根基和渔业生产经验，应对捕捞作业经营还可应付，一旦展开与水产加工企业、水产销售企业的合作，则立刻陷入被动无力的境地。根本原因在于股份制一旦形成，资金的实力就要求有更大的市场发展，而能保证这一发展的就是具有一定专业性知识的市场人才，但渔民先天的素质不足，自然令股份制合作社裹足不前，进而导致社员因得不到持续增长的红利回报而引发内部不和谐。海胜合作社社长对此就有着一定的认知："起步阶段最困难的就是获得渔民的信任。现今渔民合作社发展需要一些专业型的高素质人才，渔民自己的管理缺乏一定的时代性，很多想法都跟不上市场的发展，导致合作社的发展步伐缓慢。但是由于我们地处东平镇，很少对渔业感兴趣且高素质的管理人才愿意到这个乡镇中来，因此很难招聘到这些行业人才，只能通过渔民自身的慢慢调整和政府的一些指导继续把合作社做强做大。"

（三）股份制合作社缺乏规范化的管理

在实际的渔业合作社运行过程中，由于渔民合作社能够轻易地申请并注册为渔民合作社法人单位，享受渔业合作社发展的相关政策，获得国家的资金补贴和支持，因此很多人钻了法律的空子，进行申请。而国家机构对于这些申请人的材料真实性并未给予核实。很多渔民合作社发起者虽然建立了渔民合作社的规则制度，但从未实行，合作社内的运行混乱，无章法可言。有一些渔民合作社甚至成为从渔民身上获利的组织。加入某合作社的渔民 B 说："我们加入的合作社根本就是没用的，为我们提供产前、产中、产后的服务全都是口号，从未实行。只有一开始的时候帮我们办理开展渔业生产所需的证件，这些还是得交手续费的，而我们的小船油费补贴自 2012 年转交给我们个人后，加入合作社至今三年已经没有看见国家给的油费补贴了。"渔民 C 说："我们镇上的一些合作社也是，说是承包了海产养殖，只是通过人际关系从渔政那获得了某片海域的承包权，把海域放在那里什么都不养，从国家那获得补贴。X 合作社成立以来，从来未见其开展过任何业务，只是把招牌挂到外面，做一些门面工作。"从这两位渔民气愤的语气中，可以看出，部分渔民合作社实质已经沦为少部分人获得资金扶持和套取税收优惠的工具了。

（四）公司化治理，形成真正意义上的企业股份制

公司化治理有广义和狭义两种解释。广义上可以解释为关于企业的组织方式、控制机制、利益分配的制度安排；狭义上可以解释为具体的企业制度安排，即在企业的所有权与经营权分离的情况下，投资者与公司之间的利益分配和控制关系。其核心问题是：①公司管理层、公司内部人及其与外部投资者的利益和社会利益的兼容问题；②公司管理层的能力问题；③什么样的公司管理制度最有利于投资者获得最好的保护与利益回报，且此等合理利益不被企业管理层侵蚀。① 由此可见，股份制企业，在经营上必须经历产权明晰与所有权、经营权剥离的过程，剔除人为的社会关系、经验管理的影响，以专业的人才管理将企业推进真实的市场竞争中，获得更好的资本支持、持续的赢利能力。渔民股份制合作社在当前的水产品市场竞争中，已经完成了原始积累，得到了企业管理决策的利益，"股东即社员"的方式也已显露出对经营发展的阻碍。那么无论是政府还是"能人"，都应该认识到推动合作社进行公司化治理的重要性。事实上，东平镇最初利用国家政策成立合作社的渔民张某，已经在合作社的基础上，与外来的企业合作，另外成立了水产品捕捞、养殖、加工、销售一条龙的公司，进行规范的企业运作，由捕捞作业转向了市场经营，而原有的合作社依然存在，既享受国家政策的补贴，又利用公司回补合作社，让不可能进入公司

---

① 叶林：《公司治理机制的本土化——从企业所有与企业经营相分离理念展开的讨论》，《政法论坛》2003 年第 3 期，第 17 页。

的社员依然能得到合作社的"红利"，而不会抽走自己股份，甚至有部分社员因为获利而继续向合作社投入，事实上，这部分投入是流向了张某另外经营的公司。

六 结论与讨论

公司化治理的先决条件是有懂市场懂经营的专业人才从事企业管理，要构建董事会主管经营、股东会主导决策的公司体制，脱离股东会既决策又经营的创业阶段。如果能够坚定地走公司化治理之路，股份制合作社也就摒弃了原生态的生产资料与人情关系带来的经营束缚，促使渔民在转产转业中真正做到拥有生产资料的同时可以从生产资料中获取长期的利益。当然，公司化治理的形成与发展，仍然脱离不了国家政策与当地政府的扶持，因此，也就涉及政府在渔民合作社总体发展停滞不前的状态下，如何转变方向与服务职能的问题。

在保护并恢复我国海洋生态的大前提下，以财政补贴为主的扶持政策的确对渔民转产转业的安排起到了重要作用，但政策的长期效用并没有形成，反而成为有政治资本与社会资源的渔民"合法"获取补贴、以公肥私的保护伞。尽管由股份制合作社向公司化治理发展的渔民创办的企业绝对数量还少，但考虑到现有渔民合作社能发展得很好的数量也相对较少的状态，政府应将财政补贴支持转向教育与职业培训，扶持渔民子女进入职业院校，使他们获得市场知识、管理知识以及生产技能知识的多重营养。同时，政府应支持有能力的合作社通过公司化治理走向正规的企业经营模式，形成渔业规模经营，既能为渔民创造更大的市场出路，也能实现渔民子女学成后返乡就业、创业的职业之路。

（责任编辑：隋嘉滨）

中国海洋社会学研究

2016 年卷 总第 4 期

第 174～181 页

© SSAP，2016

基于生态系统的渤海渔业管理研究[*]

王书明　章立玲^{**}

摘　要：基于生态系统的渔业管理是现今世界范围内的新方向，其要求我们从生态系统的特性出发出台一系列政策法规，以科学管理和技术知识为基础，深化相关部门的分工与合作，缓解资源开发与生态保护的矛盾。渤海三面陆域环绕，流通性较差，海水自净能力不高，再加上渔业资源过度捕捞和海洋污染，生态系统严重退化，渔业管理面临巨大压力。因而，生态系统具有的整体性特征正好为渤海渔业管理提供了一种新思路和新视角。实现基于生态系统的渤海渔业管理，首先要在实践探索中建立合作发展协调机制，加强各省市政府横向间的合作；其次要运用科学技术进行综合管理，建立海洋资源开发综合评价制度，完善海洋生态补偿机制以及建立海洋生态监控区等；最后要建立渤海渔业共同管理模式，加强渔民参与、监督决策和管理，发挥社会力量在渤海渔业管理中的积极作用，切实推进基于生态系统的渔业管理在渤海区域的实施。

关键词：渤海　生态系统　渔业管理

---

* 本文为教育部人文社会科学研究规划基金项目"环渤海区域生态文明建设的宏观路径研究"（13YJA840023）阶段性成果。

** 王书明（1963～），山东蓬莱人，中国海洋大学法政学院社会学研究所所长，教育部人文社会科学重点研究基地中国海洋大学海洋发展研究院教授，主要研究方向为环境社会学、海洋社会学；章立玲（1990～），浙江定海人，中国海洋大学法政学院土地资源管理专业硕士研究生。

渤海生态系统脆弱，主要表现为开垦、污染以及过度开发利用等导致海域滩涂等大范围缩小以及鱼类资源大幅度减少。随着人类涉足大自然越来越深，人们渐渐走向大海，进行渔业捕捞，或者在岸边隔出一块块小的区域，开始海水养殖。海水养殖与捕捞能够带来经济收益，但也在一定程度上破坏着海洋生态环境。渤海三面陆域环绕，流通性较差，海水自净能力不高，再加上渔业资源过度捕捞和海洋污染，生态系统严重退化，渔业管理面临巨大压力。经过几个世纪的发展，人们已经领悟到渔业资源并不是无穷无尽的。可近年来，尽管能源紧张、渔业资源衰退，但增船增网的势头仍在持续，过度捕捞并未得到有效控制。

一 基于生态系统的渔业管理的内涵与原则

(一) 基于生态系统的渔业管理的内涵

虽然关于生态系统管理的概念尚未统一，各位学者对此有不同的提法，但都表达了整体、协调、统一管理的理念。生态系统管理理念要求树立整体观和系统观，协调好社会经济要素和自然资源的关系，以土壤、海洋、生物等自然生态系统为基础，与政策、科技、市场等社会经济要素相互融合。而且，生态系统管理理念要求综合考虑环境、生活、经济、制度和技术等多个维度以及各个要素之间的联系，把握事情开始和发展的来龙去脉，以政府管理为主导，结合市场和社会力量，运用行政、经济手段刺激和调控渔业管理，减少成本，以寻求和实现最佳效益。[1] 基于生态系统渔业管理的方法不再盲目地追求经济利益，转而开始关注自然生态环境的重要性。物与物之间、人与人之间有着千丝万缕的关系，最好的结果就是消除矛盾，进而达到相辅相成、相得益彰的状态，所以我们应该加强对生态系统要素的剖析，增加对生态开始和发生过程的了解，使人们在进行日常生产生活和资源开发利用的过程中，把握需要重点关注的细节和环节，在最小限度干扰生态环境的情况下进行生产作业。[2] 综上所述，可以发现，基于生态系统的渔业管理充分考虑生态系统的组成部分以及发生发展的过程，将自然

---

[1] 褚晓琳：《基于生态系统的东海渔业管理研究》，《资源科学》2010 年第 4 期。

[2] 慕永通：《渔业管理——以基于权利的管理为中心》，中国海洋大学出版社，2006，第 34 页。

地理要素和社会经济要素联系在一起，整体性考虑渔业管理需要注意的方方面面。

（二）基于生态系统的渔业管理的内容

基于生态系统的渔业管理包括资源、环境、生活、经济、制度和技术等多个维度。伯克斯·菲克列特等发现，新的管理方法包括强调渔业和生态系统管理的目标和参与式决策过程的方法论，而不像往常一样，主要关注捕捞量评估和种群动态，而很少关注人类的维度。这里包括新的治理机制，如社区管理和社区共同经营，这些都有可能成为解决经济发展及渔业资源管理的一个组成部分。[①] 基于生态系统的渔业管理主要包括以下四方面内容：①通过对主要污染物、海水水质、沉积物、生物质量进行评价，分析海域主要污染物负荷情况和自净能力，预防生态系统的退化；②通过增强生态意识、及时修缮生态系统网络来降低生态环境的破坏程度；③在充分考虑经济社会行为对自然生态环境影响的基础上，适度、持续地开发项目，发展经济；④注重培养、学习和吸收生态系统相关知识，了解生态系统发展和演化过程，为预防生态破坏提供科学有力的措施，为预测生产行为结果提供有力的理论和数据支撑。[②] 基于生态系统的渔业管理，不同于以往对"资源"的管理，而是认识到人类也是生态系统的重要组成部分，综合考虑社会、经济的相互影响，并逐渐转向对"人"的管理。

（三）基于生态系统的渔业管理的原则

1. 生态系统完整原则

生态系统是一个整体，海洋的污染或是物种的减少甚至消失，都会牵一发而动全身，导致海洋生物链的平衡被打破。[③] 鱼类大量减少会使水草疯狂繁殖以及大型海洋动物缺少食物而死亡。因此，我们在进行生态文明制度建设过程中要树立整体观、系统观，协调好渤海复合生态系统中社会经济发展与自然环境的关系。

---

① Berkes Fikret, Mahon Robin, and McConney Patrick, *Managing Small-scale Fisheries: Alternative Directions and Methods*, International Development Research Centre, 2001, p. 227.

② 刘淑娟、E. K. Pikitch：《基于生态系统的渔业管理》，《中国水产》2013 年第 3 期。

③ 张义龙、慕永通：《基于生态系统的渔业管理理论探讨》，《中国渔业经济》2006 年第 3 期。

2. 生态系统动态性原则

海洋生态系统有一定的阈值，在这个范围内，系统能够消化和分解渔业养殖、入海河流或是船舶运输带来的污染。若是任意倾倒、排放污染，肆意捕捞鱼类等海洋生物，生态系统还未调节过来，新一轮的污染和捕捞便会加剧生态环境的恶化程度，导致生态系统的发展进入恶性循环。

3. 影响最小化原则

世间万物都在一个大系统之中，相互作用、相互影响。人类由于聪慧的头脑和勤劳的双手改变着、影响着自然景观的呈现、动物群落的分布甚至大气中水滴和尘埃的数量和状态。影响最小化原则要求我们在海水养殖或者渔业捕捞过程中，遵循和坚持客观规律，减少在环境和声波等方面干扰性较强的船只和渔具的使用。

4. 共同参与原则

渔业管理涉及众多的目标主体，海事部门、环保部门、渔民等不同的主体有着相互冲突的利益诉求。基于生态系统的渔业管理应充分考虑不同利益主体的利益诉求，使每个利益主体都能够较好地发挥主观能动性，确保所有的利益相关者都能参与到公共事务的决策中。只有各方广泛参与，才能充分协调各方的利益，减少渔业管理中的阻力。

二 渤海渔业管理的现状和问题

渤海因有辽河及大、小凌河水系，以及滦河、海河、黄河、小清河等河流注入，受外海影响很小。而且，从地理学角度看，渤海处于中纬度地带，几乎封闭式的地理状态决定了其难以具有暖流流经海域那样大的生物量，其渔业资源的种类及数量有限，开发利用程度却很高。

(一) 渔业资源过度开发

随着渔业发展的现代化程度越来越高，人们大大提高了养殖和捕捞的效率，受到经济利益的驱使，滥捕、小孔捕捞、多次捕捞的现象层出不穷。伯克斯·菲克列特等指出，大规模商业渔业（也称为工业渔业）占据世界数量相对较少的鱼类或亚种的捕捞量的大部分，其高度机械化，使用大型且技术复杂的船舶和设备；而小规模商业渔业除开发跟大规模商业渔业一样的海洋资源，还开发大量的小型渔业资源，包括热带大陆架斜坡的深底栖鱼类、珊瑚礁鱼类和无脊椎动物，沿海泻湖和河口鱼类和无脊椎动物等。[①] 在经济利益的驱使下，我国海洋捕捞产业常以获取利润最大化为出发点，最大限度地索取海洋渔业资源。基于这种目的，部分渔业从业者在捕捞中不考虑可持续发展，不讲科学生产和资源合理利用，无视法律法规的限制，对渔具进行改造，肆意捕捞鱼仔和鱼苗，也不顾禁渔期的限制，不断增加捕捞作业时间。

（二）渤海生态环境恶化

改革开放以来，我国的经济发展取得了骄人的成绩，城市人口不断增多，与此同时，工农业废水、城市污水也大量排放入海，导致各类渔业污染事故频发。逐渐增多的涉海工程，也给海洋带来了严重的污染，破坏了渔业生态环境。对于渔业资源的肆意捕捞，从某种程度上说，只是减少了海洋生物量，虽然会带来一系列的连锁反应，但其反应速度较慢；而对海洋的污染，虽然没有直接对海洋鱼类造成危害，却直接影响海洋生物的生存环境，其危害和破坏力远远大于前者。从最新的海洋公报中可以发现，渤海是中国四大海区中面积最小的内海，但其接纳的陆源污染和船舶、鱼类养殖等海洋污染达到了中国全部海域的近 1/3。[②] 究其原因，主要在于过度开发利用海洋资源，而对资源和环境的保护工作却相对滞后。随着现代化的不断推进，陆域活动对海洋环境的影响越来越明显，工业污染、市政生活污水、城市综合污水、农业生产活动污染物都通过入海河流进入渤海区域，再加上船舶污油、石油钻孔泄漏等事故频发且得不到有效控制，以及环渤海地区 13 城市总的海水养殖面积快速增加，渤海氮和磷含量居高不下，进而引发富营养化污染，导致赤潮时有发生。

（三）资源修复成效较差

虽然渤海三省一市多次开展渔业资源和生态环境常规监测和其他相关科研调查项目及国家重大海洋调查项目等大规模渔业资源调查课题，但还不足够使我们具体、充分地了解现在的渔业状况。主要原因有：渤海渔业

---

① Berkes Fikret, Mahon Robin, and McConney Patrick, *Managing Small-scale Fisheries: Alternative Directions and Methods*, International Development Research Centre, 2001, pp. 8 – 9.

② 国家海洋局：《2014 年中国海洋环境状况公报》，2014。

资源和生态环境现状等基础研究比较薄弱，牧场建设等渔业资源修复关键技术深入研究缺乏基础资料支持，尚未建立科学系统的修复生态安全与效果评价体系，生物养护没有统一的规划布局和科学指导且科技支撑不足，渔业资源修复技术含量低，等等。对于海洋资源的修复和重建，海洋景观生态学可以成为其重要组成部分，但其原理和方法主要来源于陆地景观生态研究，针对海洋景观专项修复的理论和技术尚未健全和成熟。

（四） 渔业生态意识薄弱

渤海的渔业管理和保护是区域的责任，也是整个生态系统保护的重要内容。环渤海地区政府是渤海环境治理的重要主体，但并不是渤海环境治理的唯一主体。当前的渔业管理依然是政府主导格局，存在严重的"政府失灵"问题。此外，渤海地区渔民的生态道德意识还较为薄弱，缺乏应有的绿色养殖和适度捕捞意识。在现有的渔业管理知识结构体系下，环渤海地区政府对生态渔业的教育涉及甚少，渔民对参与渔业管理的愿望不够强烈。渔业管理等公共事务长时间以来被认为是政府部门的专门职责，导致在生态保护的问题上一直是政府部门"孤军奋战"。因此，亟须加强各个主体的生态渔业意识，发挥社会力量在渤海渔业管理中的积极作用。

三 基于生态系统的渤海渔业管理构想

（一） 深化环渤海政府横向合作管理体系

伯克斯·菲克列特等指出，小规模渔业的愿景之一是强调横向之间的过程，如合作、伙伴关系和社区赋权。[1] 渤海渔业管理涉及水利资源部门、环境保护部门、海洋局、渔业管理局等多个部门，也涉及省市间的协调。以渤海为中心的区域成员主体间存在利益冲突、妥协、博弈和协调，各个主体都会积极维护自己的利益，从而产生许多障碍和隔阂。[2] 要想改变各个

---

[1] Berkes Fikret, Mahon Robin, and McConney Patrick: *Managing Small-scale Fisheries: Alternative Directions and Methods*, International Development Research Centre, 2001, p. 226.

[2] 欧文霞、杨圣云：《试论区域海洋生态系统管理是海洋综合管理的新发展》，《海洋开发与管理》2006 年第 4 期。

部门相对孤立、各自为政的状况，而行政制度上的设置又不能突破，那就需要加强各个部门之间的合作与交流。要使合作能够及时有效地开展，强化区域具体职责分工与力量整合是非常必要的，这也是实施政府问责制的前提。至于对行政责任的明确和约束，则可以通过法律法规的形式加以规定，也可以写入政府阳光誓言等公开性的书面文件中，以为后续政府工作的责任追究提供依据和参考。

（二）运用科学技术进行综合管理

想要了解渤海的整体状况，最重要的是对其介质、生物主体、植物环境等各方面进行评估。通过科学的渔业资源评估，可建立一个渤海生态评价指标体系，对氨氮、悬浮物、生化需氧量等指标进行测定，全面、动态、及时了解渤海渔业的生态状况。[①] 这里还需要一个信息共享的管理系统，且必须明确共享的范围、内容、权限、获取方式，主要涉及渤海海洋水质等级、鱼类资源数量和分布的图像资源、统计数字、技术要领等方面的信息和资料。各地方政府可以根据污染物的来源、分布、消散情况以及鱼类资源分布情况，对是否施行海洋污染紧急预案进行判断。伯克斯·菲克列特等也认为，沿海地区综合管理可以利用地理信息系统（GIS）将渔业问题合并到沿海经济发展的总计划中，从而为决策提供强大的视觉信息和冲突管理。[②] 遥感技术具有动态、覆盖面广的数据获取优势，地理信息技术以数据处理与分析著称，这些科学技术能大大提高观测效率、减少信息提取时间。

（三）建立渤海海洋渔业共同治理模式

在市场化进程飞速发展的今天，渔业管理、污染治理应不再局限于政府单方面的给予，而应多多考虑企业、社会组织以及个人等多元化的提供模式，从而形成渤海海洋渔业共同治理模式。传统的渔业管理往往将渔民这个重要的主体排除在外，渔业管理少了渔民的参与就成了政府的渔业。渔业共同治理应将政府、企业、渔民、船民等主体集中在一起，赋予他们

---

① 王冠钰：《基于中加比较的我国海洋渔业管理发展研究》，博士学位论文，中国海洋大学，2013。

② Berkes Fikret, Mahon Robin, and McConney Patrick, *Managing Small-scale Fisheries：Alternative Directions and Methods*, International Development Research Centre, 2001, p. 227.

发言、建议、投票的权利，充分了解各个主体的想法和困难，在协调各方利益的同时，增强各自主体的意识和参与热情。[①] 渔业共同治理模式不仅需要深化政府部门渔业管理生态观念，而且需要加强对企业、渔民等相关主体的教育和引导。[②] 对于政府，环渤海各级地方权力机关要严格检查滥捕滥捞以及违法排污行为，并在社会中广泛宣传基于生态系统理念的渔业管理模式；企业则要树立绿色发展的概念，自觉遵守捕捞作业时间；渔民则要增强主体意识和参与自觉性，积极参与到基于生态系统的渔业管理事务中来。

四　结论与讨论

综上所述，可以得出以下结论和启示。

第一，虽然关于生态系统管理尚未有统一界定，各位学者对此有不同的提法，但都表达了整体、协调、统一管理的意愿。生态系统管理理念要求树立整体观和系统观，协调好社会经济要素和自然资源的关系，以土壤、海洋、生物等自然生态系统为基础，与政策、科技、市场、劳动力等社会经济要素相互融合。

第二，渤海处于中纬度地带，半封闭式的地理状态决定了其难以具有大规模的生物量，渔业资源的种类及数量也不丰富，开发利用程度却很高，存在较多的渔业问题，如渔业资源过度开发、生态环境恶化、资源修复成效较差和渔业生态意识薄弱等。

第三，基于生态系统的渔业管理是目前全球渔业管理的大趋势，也是解决渤海渔业问题的较佳选择，为此，我们可以从深化渤海政府横向合作管理体系、运用科学技术进行综合管理以及建立渤海渔业共同治理模式等几方面逐步展开。

（责任编辑：佟英磊）

[①]　曾淦宁、叶婷：《"共同管理"模式——我国海洋渔业管理的发展趋势》，《中国渔业经济》2009年第5期。

[②]　陈刚、陈卫忠：《对美国渔业管理模式的初步探讨》，《上海海洋大学学报》2002年第3期。

港口城市文化

中国海洋社会学研究

2016 年卷 总第 4 期

第 185~195 页

© SSAP，2016

海商文化、海商精神与宁波
城市发展浅议*

宁　波　李雪阳**

摘　要： 纵览古今变迁，海商文化构成了宁波历史文化之主流。宁波依凭四明山，毗邻东海，其海商精神除备受浙东学术"尚气节、忧民生，重信义、轻名利"浸润，还与山、海密不可分。尤其是四明山，对宁波海商文化影响深刻，使宁波海商精神融入"仁""信""义"等中国传统思想精髓。因此，将宁波海商精神归纳为"四明精神"，不仅能概括提炼宁波的城市精神，而且能比较贴切地展示宁波海商精神的独特面貌，即"明智求新、明利重商、明勇至信、明义兼济"。为更好地挖掘、传承海商文化，宁波应进一步弘扬"四明精神"，助推"一带一路"，善待历史遗产，塑造城市特色，挖掘文化财富，潜心创新转化，从而成就宁波更加美好的未来。

关键词： 宁波　海商文化　"四明精神"　"一带一路"

宁波江水环绕、毗邻东海，自古"帆船成排，桅杆成林"，可谓因海而生，因海而兴，是一座海商文化历史名城。2014 年 6 月 22 日，在卡塔尔首都多哈举行的第 38 届世界遗产大会，将"中国大运河"列为世界文化遗

---

* 本文系上海海洋大学海洋科学研究院 2015 年度研究项目"海商文化的有形化传播研究"（A1 - 0209 - 15 - 10014）及宁波海商文化研究中心资助的阶段性成果。

** 宁波（1972~），上海海洋大学海洋文化研究中心副主任、副研究员，经济管理学院硕士生导师，研究方向为海洋文化经济、海洋战略、高等教育；李雪阳，（1992~），上海海洋大学经济管理学院 2014 级硕士研究生，研究方向为区域发展与品牌经济。

产，宁波作为 27 个申遗城市之一而跻身世界文化遗产城市行列。"它既是
大运河的末端，又是海上丝绸之路的起点。""海商文化"是宁波根植血脉
的文化长河，是这座城市的灵魂所在。

一　海商文化，宁波城市文化的独特血脉

宁波毗邻杭州湾，自古与大海相生相依。1973 年 5 月发现的河姆渡遗
址，被誉为"七千年前的文化宝库"，这一发现充分证明，"7000 年前，
（宁波）先民们已懂得剡木为舟，剡木为楫，开始过'水行而山处，以船为
车，以楫为马'的水上航行生活"，① 而且"河姆渡人已能进行较长距离航
海，乃至跨海定居海岛"。②

唐宋时，宁波发展成为以港口为核心的"帆船贸易"中心，集海港、
河口港、内河港"三港"为一体，除沟通杭州湾南岸浙东地区内河交通外，
还为大运河提供对外贸易中转港功能，成为浙东运河（现称杭甬运河）枢
纽。宁波在对外贸易中享有特殊地位。据元至正《四明续志》载，南宋庆
元年间"凡中国之贾高丽与日本诸蕃之至中国者，唯明州一港"。

明代，许多海外客商经过浙东运河深入内地，宁波因此成为"海上丝
绸之路"重要港口。崔溥在《漂海录》中描述道："江之两岸，市肆、舸舰
纷集如云。"然而，由于明初至清顺治末实行"海禁"政策，明州港一度陷
入萧条。

清康熙二十四（1685）年，为恢复对外航运贸易，全国设置浙、闽、
江、粤四个海关，浙海大关设在宁波。"海禁"解除后，明州港恢复新生，
贸易兴旺，至嘉庆、道光年间达到黄金时期，江东沿甬江从浮桥起直至泥
堰头停满各种帆船。

鸦片战争以后，宁波作为五口通商港口之一，逐步沦为半殖民地，也
因此受"西风东渐"影响，逐步由帆船港时代转入轮船港时代。③

改革开放以后，宁波港发展迅速、日新月异，现已形成集内河港、河

---

① 苏勇军：《浙江海洋文化产业发展研究》，海洋出版社，2011，第 219 页。
② 柳和勇：《试论浙江海港城市文化中的海商精神》，《浙江海洋学院学报》（人文科学版）
　　2005 年第 1 期。
③ 邬向东：《宁波与大运河的故事》，《东南商报》2009 年 9 月 17 日，第 B16 版。

口港和海港为一体的多功能、综合性、现代化深水大港。其中，万吨级以上深水泊位 60 座，已与世界上 100 多个国家和地区的 600 多个港口通航。2012 年 3 月，国务院批复同意开放宁波港梅山港区。2015 年，宁波港、舟山港合并为宁波 - 舟山港，成为国内第一吞吐量大港。海商成为宁波构建"港口经济圈"，助推"一带一路"的时代发展引擎。

特殊的区位优势和长期的历史积淀，熔铸成宁波"海通四方、商贸中外"的海商文化。海商文化是这座历史文化名城的独特血脉，也是浙江海洋文化和宁波城市文化的重要组成部分。

二 "四明精神"，宁波海商精神的独特表现

黑格尔在《精神哲学》中指出，文化就是一种精神，而精神则体现为一种文化。① 海商文化所凝聚的海商精神，正是宁波城市精神的集中体现。

宁波海商精神受到浙东学术、海洋文化和浙江海商精神的影响。对这些精神养料，学界曾有多种角度的建设性探讨。管敏义在其主编的《浙东学术史》中概括浙东学派具有博采、创新、求实、重史、爱国等特征。钱茂伟在《浙东学术史话》中则认为浙东学术有经世、务实、救偏、兼容、求真五个特点。苏勇军认为，浙江海洋文化具有冒险性与协作性、地域差异性、崇商性和慕利性、兼容性与开放性、精细性和壮美性、对外交流性和开拓创新性。② 李瑊等认为宁波具有开拓创新、团结一心、务实取信、乐善好施、爱国爱乡等品质。③ 柳和勇认为浙江的海商精神是冒险开拓的进取精神、尚实图利的价值取向、兼容并蓄的开放视野、诚信重义的经商道德，并指出"与中国传统农业商业文化相比，浙江港城文化中的海商精神具有很强的海洋文化特色"。④

---

① 〔德〕黑格尔：《精神哲学》，杨祖陶译，人民出版社，2006，第 135 页。
② 苏勇军：《浙江海洋文化产业发展研究》，海洋出版社，2011，第 66 ~ 77 页。
③ 李瑊、方祖荫、陆志濂等：《创业上海滩》，上海科学技术文献出版社，2003，第 48 ~ 57 页。
④ 柳和勇：《试论浙江海港城市文化中的海商精神》，《浙江海洋学院学报》（人文科学版）2005 年第 1 期。

以上论述对认识和理解宁波海商精神无疑具有重要参考价值，然而如果深入分析会发现这些概括几乎可以推广到任何一座海滨城市，如果简单移植过来作为宁波的海商精神，似乎无法呈现宁波海商精神的独有特征。窃以为，要提炼宁波特有的海商精神，除充分考虑宁波长期浸润浙东学术"尚气节、忧民生，重信义、轻名利"的精神元素之外，不能忽视宁波与山、与海的密切关联。宁波傍依四明山，三江汇流，东望东海，地理位置独特。四明山重峦叠嶂，竹茂林秀，对宁波海商文化影响深刻。因此，将宁波的海商精神提炼为"四明精神"，融合"山""海"情结与内涵，似乎更能贴切反映宁波海商精神的独特气质。

（一）明智求新

"智"反映在宁波自古重视文化教育，人文荟萃，能者辈出。宁波是"礼仪之邦""教育之乡"。宋代时即有"满朝朱衣贵，尽是四明人"之谚。自南宋在张斌桥建立第一家"甬东书院"起，宁波便先后兴办许多私塾、书院、社学、讲堂等。南宋张斌桥史家，"一门三宰相，四世二封王"，是宁波地区第一望族。史渐五个儿子中进士，被称为"五子登科"。其子史弥巩的六个儿子中进士，被称为"六子登科"，创下明州府最高纪录。后 21世孙史大成，清顺治时中状元，官任礼部侍郎，为官清正，康熙帝还赐"贤良方正"匾额。① 梁启超曾盛赞宁波："硕儒辈出，学风沾被全国及海东。""在重教兴文氛围的熏染下，宁波历史上涌现出王应麟、王阳明、黄宗羲、万斯同、万斯大、全祖望一大批著名学者，使学术蓬勃、人才辈出的浙东学派成为中国学术史上的华彩篇章。"②

"新"反映在宁波人不墨守成规、故步自封，而是睿智进取、开拓创新，创造了许多中国经济史上的第一。"如严信厚、朱葆三、叶澄衷等人参与创办了中国第一家华人自办银行——中国通商银行，方液仙创办了中国第一家日用化学品制造厂——中国化学工业社，王启宇创办了中国第一家民族机器染整企业——达丰染织厂，胡西园创办了中国第一家制造灯泡的专业工厂——中国亚浦耳电灯泡厂，丁佐成创办了上海最早的仪表制造企

---

① 区志办：《紧密联系江东实际，反映九个地方特色》，《江东方志》2008 年第 2 期，第 16 ~ 17 页。

② 邵有民、李瑊、丁景唐等：《战斗在大上海》，东方出版中心，2004，第 17 页。

业——大华科学仪器公司。"① 这些在某种程度上都生动地反映了宁波人创新图强的精神品质。

正是因为宁波人具有明智求新的精神，从而创造了宁波悠久、辉煌而绚烂的历史。

（二）明利重商

"利"反映在宁波人能正确认识利的价值，并具有创造"利"的聪明才智。宁波人明利，主张通过诚实劳动追求利益最大化，在古代中国代表着一种开明思想和先进的市场意识。越国大夫范蠡，在春秋时期就萌生"求实利"的商品经济思想，被后人称为"商圣"。历史上著名的浙东学派，开风气之先提出"义利并重""工商皆本"等"治生思想"。"利"主要通过贸易实现，宁波人因此通过海上贸易创造了悠久的海商文化。黑格尔曾说，"大海邀请人类从事征服，从事掠夺，但是同时也鼓励人类追求利润，从事商业"。②

"商"反映在宁波人能正确认识商的意义，并实现商的价值。明代著名思想家王阳明反对"侵商""困商"行为，质疑"独商人非吾民乎"。吴光曾将浙江人文精神概括为五点：一是"天人合一，万物一体"的整体和谐精神；二是"实事求是，破除迷信"的批判求实精神；三是"经世致用"的实学精神；四是工商为本的人文精神；五是教育优先、人才第一的文化精神。③ 其中，特别提到"经世致用""工商为本"，这些认识凸显了宁波"明利重商"思想生成的丰厚土壤。

宁波人不仅认识到"利""商"的价值，而且善于经商。"20 世纪 30 年代，在上海的宁波人已增至 100 万，占全市人口的五分之一。而在上海商界名人中，宁波籍人士则占了四分之一。"④ "新中国成立前宁波人创造了上海 1/3 的财富，并创造中国第一家商业银行等 50 个中国第一。宁波人在中国近代金融、航运、外贸、民族工业等方面，都居于领先地位。"⑤ 或许因

① 李瑊、方祖猷、陆志濂等：《创业上海滩》，上海科学技术文献出版社，2003，第 49 页。
② 〔德〕黑格尔：《精神哲学》，杨祖陶译，人民出版社，2006，第 135 页。
③ 转引自林存阳《哲学学派研究述略》，《聊城大学学报》（社会科学版）2007 年第 2 期。
④ 李瑊、方祖猷、陆志濂等：《创业上海滩》，上海科学技术文献出版社，2003，总序 1。
⑤ 苏勇军：《浙江海洋文化产业发展研究》，海洋出版社，2011，第 55 页。

应"思路决定出路"这句口号，宁波人向世人展现出惊人的商业禀赋。

（三）明勇至信

"勇"反映在宁波人具有迎难而上的豪情。勇敢是海商精神不可或缺的元素。大海变幻莫测、吉凶难卜，对于向海而生的人，勇气断不可缺。梁启超说："海也者，能发人进取之雄心也。"① 黑格尔也说："大海给了我们茫茫无定、浩浩无际和渺渺无限的观念；人类在大海的无限里感到他自己的无限的时候，他们就被激起了勇气，要去超越那有限的一切。"② 人们面向海洋的冒险性，其实就是一种勇气、冒险心态和迎难而上的豪情，就是"不惜以生命为代价的价值观，以及敢于面对大海、挑战大海的无畏精神"。③

"信"反映在宁波人奉行"重然诺，尚信义"的诚信原则。④ 对于诚信，浙东学派著名代表人物、"心学"集大成者王阳明就提出"致良知"论，主张在心上下功夫，正心、诚意，把良知推而广之。他指出："道心者，率性之谓，而未杂于人。无声无臭，至微而显，诚之源也。"⑤ 受此影响的宁波人，秉承"非诚信不得食于贾"的古训，在上海经营钱庄业、民信业时注重诚实经营，以信义为本。

（四）明义兼济

"义"反映在宁波人"顾大局，识大体"。在"四明公所事件"、旅沪同乡联合抵制英商太古公司高票价等历次事件中，宁波人均表现出强烈的紧密团结、爱国爱乡情结。⑥ 赵家藩、赵家艺兄弟不遗余力襄助孙中山，成为代代相传的美谈。1907 年，孙中山发动潮州、黄冈等起义，屡遭失败，资金窘迫，赵氏兄弟立马赶回宁波，变卖田产，将款项急付孙中山。⑦ 在"五四运动"时期，宁波同乡会提出"一致对外，爱国爱乡"的口号。1919

---

① 梁启超：《饮冰室合集·文集之十》，中华书局，1989，第 108 页。
② 〔德〕黑格尔：《精神哲学》，杨祖陶译，人民出版社，2006，第 68 页。
③ 苏勇军：《浙江海洋文化产业发展研究》，海洋出版社，2011，第 68 页。
④ 李瑊、方祖荫、陆志濂等：《创业上海滩》，上海科学技术文献出版社，2003，第 51 页。
⑤ 王阳明：《王阳明全集》，上海古籍出版社，1992，第 256 页。
⑥ 李瑊、方祖荫、陆志濂等：《创业上海滩》，上海科学技术文献出版社，2003，第 50 页。
⑦ 转引自李瑊、方祖荫、陆志濂等《创业上海滩》，上海科学技术文献出版社，2003，第 53 页。

年 1 月，宁波旅沪同乡会与广肇公所、浙江同乡会等联合签发电报，要求北京政府在巴黎和会上维护中国主权，抵制日本无理要求。在历次提倡国货、抵制洋货运动中，宁波同乡会都积极宣传，多方奔走，并多次借同乡会会所宣传国货。

"济"反映在宁波人团结互助、济危扶困。"宁波人所到之处，必集合同乡，组织帮口会社，以谋互助发展，仅在上海一地就建立了四明公所、定海会馆善长公所、宁波旅沪同乡会、镇海旅沪同乡会、象山旅沪同乡会、奉化旅沪同乡会、余姚旅沪同乡会、定海旅沪同乡会、宁海旅沪同乡会等团体。这些同乡组织都是'团聚精神的表现'。"① 宁波人推崇仗义疏财、扶危济困。如宁波人创办的四明医院规定，"其主要是为贫苦的甬籍同乡服务，对其他居民或外省籍病员则视其病情及经济情况而定，贫困者亦可免收挂号费，并免费给药"。② 宁波人香港影视界传奇人物邵逸夫，1985 ~ 2014 年通过邵逸夫基金，累计向内地教育事业捐款近 47.5 亿港元，建设各类项目 6013 个。

三　海商文化，宁波城市发展的智慧之源

海商文化不仅塑造了宁波城市的内在精神，而且历久弥新，在新时代为宁波提供源源不断的创新源泉。在国家实施"一带一路"战略的大背景下，宁波应把握历史机遇，从海商文化宝库中挖掘创新源泉，从"四明精神"财富中汲取精神动力，以建设"港口经济圈"为目标，努力打造"陆上丝绸之路、海上丝绸之路、网上丝绸之路、空中丝绸之路"（简称"一圈四路"）。对此，本文提出以下三点建议，以抛砖引玉。

（一）弘扬"四明精神"，助推"一带一路"

"一带一路"战略是"中国梦"的延伸，是宁波建设"港口经济圈"的重要历史机遇。"一带一路"，关键纽带是海商；"一圈四路"，核心引擎是海商。弘扬"四明精神"，助推"一带一路"，是宁波市亟须采取的战略战术。

---

① 李琬、方祖荫、陆志濂等：《创业上海滩》，上海科学技术文献出版社，2003，第 54 页。
② 李琬、方祖荫、陆志濂等：《创业上海滩》，上海科学技术文献出版社，2003，第 54 页。

　　"一带一路"战略，是继承古代丝绸之路、古代海上丝绸之路的丰富历史遗产，面向新时代、面向全世界开启的新的改革开放战略，是以传承创新为原则谋划的国家宏观发展战略，对中国乃至世界经济发展都具有战略性、长期性、全局性影响。宁波作为中国一座举足轻重的海滨城市，作为"一带一路"战略的重要节点城市，义不容辞要挖掘、应用悠久的海商文化遗产，继承、弘扬世代相传、根植血液的"四明精神"，在"一带一路"战略中发挥应有的作用和价值。

　　如今，浙江省已确定其海洋经济主导产业为海洋船舶工业、海洋交通运输业、滨海旅游业和海洋服务业（见表 1）。[①] 这些都是助推"一带一路"战略的支柱产业，也是宁波的既有优势，可以充分发挥宁波的地位和作用。其实，在这些方面宁波人勇立潮头，在港口建设、船舶制造、海商外贸、滨海旅游等方面早已未雨绸缪，均取得显著成绩。比如，1998 年宁波就提出"开发海洋旅游"的口号，曾举办海上丝绸之路文化节、港口文化节、象山国际海钓节、中国开渔节等；[②] 2014 年 10 月 16 日宁波在北仑区建成中国港口博物馆……值得注意的是，海商经济大多是大规模、大总量经济，与世界大气候、大背景唇齿相依。宁波只有做自己最擅长的，并将其做好做精，才能保持核心竞争力，实现永续繁荣发展。对此，需要高瞻远瞩、集思广益、科学决策，确保战略的有效性、科学性和长远性。

表 1　浙江省海洋经济备选主导产业

海洋产业	主导产业确定因素			得分	排名
	产业关联度	增长潜力	生产率提升		
海洋船舶工业	0.5689	1.2122	0.008245	0.3333	1
海洋交通运输业	0.8035	1.1438	0.002548	0.5095	2
滨海旅游业	0.7350	1.1083	0.005136	0.5755	4
海洋服务业	0.7573	1.0816	0.006220	0.5235	3

注：本表整理自张佳楠、茅克勤《浙江省海洋经济主导产业确定——基于产业关联度、增长潜力及生产力提升》，《海洋经济》2014 年第 2 期。

---

① 张佳楠、茅克勤：《浙江省海洋经济主导产业确定——基于产业关联度、增长潜力及生产力提升》，《海洋经济》2014 年第 2 期。

② 苏勇军：《浙江海洋文化产业发展研究》，海洋出版社，2011，第 121 页。

（二）善待历史遗产，塑造城市特色

善待历史遗产，塑造城市特色，是非常重要而又经常被中国很多城市所忽略的事情。特色，是城市形象的窗口，也是城市繁荣发展的引擎。凡去过欧洲的人都惊叹，那里的每一个城市、每一个小镇都驻留着迷人的历史，让人流连忘返。今天，这笔丰厚的历史遗产，正吸引着千千万万游客赴欧洲旅游、消费。人在旅游时，消费心理是最宽松、最豪爽的。这也是欧洲重要的生财之道。令人遗憾的是，中国不少城市对自身文化宝藏毫不珍惜，热衷于简单复制西方城市发展模式。在城市建设浪潮中，有很多城市几乎把最繁华的核心地段，拱手相让给西方城市模式，以致千城一面，让人们不知是在中国还是身处异域。这种模仿式发展固然有其价值，但无疑也导致城市缺乏地标性、独特性和长远性。试问，这样的城市会吸引多少外国人来欣赏呢？一座城市没有自己的历史，没有自己的个性，又如何在世界城市之林立足呢？巴黎、伦敦、维也纳、柏林、布拉格等城市，与其说是现代科技成就了其伟大，不如说是深厚的历史积淀创造了其永恒。因此，宁波人不能步国内大多数城市后尘，而应充分重视自身历史文化遗产。

宁波有著名的庆安会馆和天一阁等物质文化遗产。前者是宁波海商文化的标志性建筑，是全国重点文物保护单位，系中国八大天后宫和七大会馆之一，是宁波港昔日海外贸易发展、繁荣的历史见证，其砖雕、石雕和朱金木雕等技艺精湛的宁波传统工艺，堪称中国近代地方工艺杰作；后者也是全国重点文物保护单位、全国重点古籍保护单位，是我国现存历史最久、亚洲第一、世界第三的私人藏书楼，藏有各类古籍近 30 万卷，其中珍藏善本 8 万卷，尤以明代地方志和科举录为特色。然而，遗憾的是这些宝藏的合理保护、开发和利用并未得到应有重视，显而易见的则是其配套衍生产品乏善可陈。

纵览世界城市发展史，最优秀的城市往往不是经济中心、金融中心，而是文化中心。只有当一座城市成为品牌输出之城、时尚输出之城、思想输出之城、文化输出之城，这座城市才会成为一座真正的现代化城市。宁波应该在悠久辉煌的海商文化历史长河中汲取养料，努力打造以海商文化为特色的地区乃至国际文化名城。

（三）挖掘文化财富，潜心创新转化

在经济与文化互动日益频繁的文化经济时代，海商文化为宁波提供了一座巨大宝藏。一座天一阁所蕴藏的文化财富，便足以为宁波提供取之不尽、用之不竭的创新创意源泉。文化财富的最大价值不是暗藏深闺，而是科学合理地开发应用，为发展提供创新活力。遗憾的是，目前对天一阁的认识还存在误区。比方说，博物馆远非文物收藏、保管和展示的场所，而是展示前人生活智慧、启迪后人思想、提升全民智识和创意的教育机构。众所周知，欧洲很多美术大师，都是在卢浮宫临摹学习前辈作品而成长为大师的。

文化积淀是创新的源泉。历史深厚的城市，往往是时尚创新的城市。巴黎、伦敦、罗马等，无不充分展示了这一点。历久弥新的文化，也往往是创新创意的源泉。比如台湾著名舞蹈艺术家林怀民，指导"云门舞集"创作的《九歌》《竹梦》《行草》《松烟》等系列作品，充分传承了中国传统舞蹈、诗歌、书法等艺术意境，并巧妙糅合现代舞蹈元素，从而创造出既有历史纵深与空灵，又有现代虚幻与活力的著名舞蹈作品。纵览北京故宫、台北故宫，可以发现中国自古不缺卓越的能工巧匠。他们留下的宝贵文化财富同样为今天的文化经济发展提供了巨大创新源泉。对此，宁波需要的是虔诚传承传统文化财富，紧密围绕"海商文化"特色，在此基础上潜心转化形式、推陈出新，以新形式、新面貌为社会提供各种各样的优质产品。

需要指出的是，传承的关键在继承其灵魂，而非继承传统之外壳，因循守旧，却不知创新形式满足当下人们的客观消费需求。宁波可以结合浙江海洋经济主导产业，深入挖掘、开发和应用历史悠久的海商文化积淀，在海洋产业小类上（见表2）着力发展一些重点项目，同时大力弘扬"四明精神"，凝聚城市核心动力，从而同舟共济，共同打造海商宁波、美丽宁波、幸福宁波，塑造这座历史文化名城的"精气神"。海商文化为宁波凝铸了文化传统和特色，在新时期则需要着力内涵、创新形式，这样才能更好地传承、发扬传统文化，更好地与时俱进。

表 2 中国、美国、加拿大部分海洋产业分类对比

海洋产业大类 （对应美国、加拿大海洋产业）	中国海洋产业 小类	美国海洋产业 小类	加拿大海洋产业 小类
海洋船舶工业（美国船舶和舟艇建造及修理业、加拿大制造业）	海洋船舶制造 海洋固定及浮动装置制造	船舶建造及修理业 舟艇建造及修理业	航海和导航设备 船舶和小型船舶制造
海洋交通运输业（美国海洋交通运输业、加拿大海洋运输业）	海洋旅客运输 海洋货物运输 海洋港口 海底管道运输 海洋运输辅助活动	海洋旅客运输 深海货物运输 仓储 勘探和导航设备 海洋运输服务	货运和客运 海洋运输保障服务
滨海旅游业（美国海洋旅游及休闲业、加拿大海洋旅游业）	滨海旅游住宿 滨海旅游经营服务 滨海游览与娱乐 滨海旅游文化服务	宾馆住宿业 餐饮业 舟艇经销 滨海码头 休闲停车场及露营地 水上观光游 运动商品零售 娱乐休闲服务业 动物园及水族馆	休闲渔业 海上航游 滨海旅游和娱乐
海洋服务业（加拿大服务业）	无	无	专业咨询服务 高技术服务

注：本表整理自赵锐《美国海洋经济研究》，《海洋经济》2014 年第 2 期；宋维玲、郭越《加拿大海洋经济发展情况及对我国的启示》，《海洋经济》2014 年第 2 期。

海商文化是宁波的历史，也是宁波的未来。当下，最迫切的是充分认识其价值，挖掘其内涵，转换形式，推陈出新，使其焕发出历久弥新的活力。只有凭依自身文化传统，创造个性发展道路，才能形塑宁波城市个性鲜明、竞争优势明显、文化魅力无穷的美好未来！

（责任编辑：佟英磊）

图书在版编目(CIP)数据

中国海洋社会学研究. 2016 年卷：总第 4 期 / 崔凤
主编. -- 北京：社会科学文献出版社，2016.7
　ISBN 978 - 7 - 5097 - 9105 - 9

　Ⅰ.①中… Ⅱ.①崔… Ⅲ.①海洋学 - 社会学 - 中国
 - 文集 Ⅳ.①P7 - 05

　中国版本图书馆 CIP 数据核字(2016)第 096239 号

中国海洋社会学研究（2016 年卷　总第 4 期）

主　　编／崔　凤

出 版 人／谢寿光
项目统筹／谢蕊芬　佟英磊
责任编辑／佟英磊 等

出　　版／社会科学文献出版社·社会学编辑部（010）59367159
　　　　　　地址：北京市北三环中路甲 29 号院华龙大厦　邮编：100029
　　　　　　网址：www. ssap. com. cn
发　　行／市场营销中心（010）59367081　59367018
印　　装／三河市尚艺印装有限公司

规　　格／开　本：787mm × 1092mm　1/16
　　　　　　印　张：13　字　数：204 千字
版　　次／2016 年 7 月第 1 版　2016 年 7 月第 1 次印刷
书　　号／ISBN 978 - 7 - 5097 - 9105 - 9
定　　价／69.00 元

本书如有印装质量问题，请与读者服务中心（010 - 59367028）联系